工学结合·基于工作过程导向的项目化创新系列教材
国家示范性高等职业教育土建类"十三五"规划教材

校企合作优秀教材

建筑工程测量与实训

JIANZHU

GONGCHENG

CELIANG YU SHIXUN

主　编　傅为华　王桔林

　　　　　刘　敏

副主编　梁　伟　黄小兵

　　　　　徐利辉　郑建伟

　　　　　李　新　黄　欢

　　　　　陈　鼎　王　璐

主　审　楼亨庞

U0278630

华中科技大学出版社
http://www.hustp.com
中国·武汉

内容简介

　　本书结合项目课程教学特点,在遵循知识逻辑的前提下,以行业和企业岗位任务分析为基础,以项目化形式设计课程任务为内容,以岗位工作过程为主体,突出从业人员职业能力训练。在本书编写过程中,邀请了行业技术人员参与,实训环节多源于工程实践,强化了本书的实用性和可操作性。本书为基于项目课程教学特点开发的校企合作教材,工学结合特色显著,充分体现了高职教学的特点。本书可作为高等职业教育建筑类相关专业的教材,也可作为工程技术人员学习的参考书。

　　本书分为理论部分和实训部分:理论部分以知识逻辑和工作过程为主体,共分为 6 个学习情境、19 个任务,并罗列了 15 个子任务,配有教学视频和在线课程平台,具备新形态教材的特点,图文并茂,易于自学,重在培养学生获得完成项目所需知识的能力;实训部分以工程常用仪器设备和岗位任务为主线,构建了 6 个项目,罗列了25 个实训任务,每个实训任务中均有明确的实训目的和要求、实训操作方法和步骤,并附有成果提交要求、记录表格、课后评价和讨论。

　　为了方便教学,本书还配有电子课件等教学资源包,任课教师和学生可以登录"我们爱读书"网(www.ibook4us.com)注册并浏览,任课教师可以发邮件至 husttujian@163.com 索取。

图书在版编目(CIP)数据

建筑工程测量与实训/傅为华,王桔林,刘敏主编.—武汉:华中科技大学出版社,2019.9 (2023.1重印)
国家示范性高等职业教育土建类"十三五"规划教材
ISBN 978-7-5680-5572-7

Ⅰ.①建…　Ⅱ.①傅…　②王…　③刘…　Ⅲ.①建筑测量-高等职业教育-教材　Ⅳ.①TU198

中国版本图书馆 CIP 数据核字(2019)第 184622 号

建筑工程测量与实训　　　　　　　　　　　　　　　傅为华　王桔林　刘　敏　主编
Jianzhu Gongcheng Celiang yu Shixun

策划编辑:康　序
责任编辑:舒　慧
封面设计:孢　子
责任监印:朱　玢
出版发行:华中科技大学出版社(中国·武汉)　　　　电话:(027)81321913
　　　　　武汉市东湖新技术开发区华工科技园　　　　邮编:430223
录　　排:武汉三月禾文化传播有限公司
印　　刷:武汉市籍缘印刷厂
开　　本:787mm×1092mm　1/16
印　　张:14.5
字　　数:372 千字
版　　次:2023 年 1 月第 1 版第 3 次印刷
定　　价:45.00 元

前言

━━━━━━ ○ ○ ○

本书结合项目课程教学特点,在遵循知识逻辑的前提下,以行业和企业岗位任务分析为基础,以项目化形式设计课程任务为内容,以岗位工作过程为主体,突出从业人员职业能力训练。在本书编写过程中,邀请了行业技术人员参与,实训环节多源于工程实践,强化了本书的实用性和可操作性。本书为基于项目课程教学特点开发的校企合作教材,工学结合特色显著,充分体现了高职教学的特点。本书可作为高等职业教育建筑类相关专业的教材,也可作为工程技术人员学习的参考书。

本书分为理论部分和实训部分:理论部分以知识逻辑和工作过程为主体,共分为 6 个学习情境、19 个任务,并罗列了 15 个子任务,配有教学视频和在线课程平台,具备新形态教材的特点,图文并茂,易于自学,重在培养学生获得完成项目所需知识的能力;实训部分以工程常用仪器设备和岗位任务为主线,构建了 6 个项目,罗列了 25 个实训任务,每个实训任务中均有明确的实训目的和要求、实训操作方法和步骤,并附有成果提交要求、记录表格、课后评价和讨论。

本书由义乌工商职业技术学院傅为华、湖南高速铁路职业技术学院王桔林、潍坊科技学院刘敏任主编,由上海中侨职业技术学院梁伟、湖南高速铁路职业技术学院黄小兵、中铁隧道集团中等专业学校徐利辉、长江职业学院郑建伟、无锡南洋职业技术学院李新、武汉船舶职业技术学院黄欢、湖南高速铁路职业技术学院陈鼎、义乌工商职业技术学院王璐任副主编,由义乌市勘测设计研究院楼亨庞高级工程师担任主审,全书由傅为华审核并统稿。在本书编写过程中,我们还得到了浙江大学赵良荣、陈丽华老师的指导,以及义乌市勘测设计研究院有关领导和技术人员的大力支持,在此表示衷心感谢,同时对编写时参考的文献的作者表示感谢。

为了方便教学,本书还配有电子课件等教学资源包,任课教师和学生可以登录"我们爱读书"网(www.ibook4us.com)注册并浏览,任课教师可以发邮件至 husttujian@163.com 索取。

由于编者水平有限,书中可能会有不足之处,恳请读者批评指正。

编 者

2019 年 6 月

目录

———○ ○ ○

模块 1 理 论 部 分

模块 2　实　训　部　分

模块 ①

理论部分

认识建筑工程测量

▌教学目标

学习目标:能正确理解测量工作的实质,了解建筑工程测量地位和基本技能要求,掌握测量工作各项基础知识。

功能目标:

1.能正确认识测量学概念和建筑工程测量的内容。

2.会区分测量工作的不同内容,了解测量工作的基准面和基准线。

3.能理解各种测量坐标系的原理和用途。

4.能绘制高程系统图,并能正确区分高程、高差及两者关系。

5.能正确理解测量工作的基本原则。

6.能正确理解衡量精度的各种误差,掌握误差传播定律。

▌工作任务

学习测量实训的注意事项,观看测量图片和录像资料。

测量基础知识

任务 1 初识建筑工程测量

初识建筑工程测量

1. 测量学及其分类

测量学是研究地球的形状和大小,以及确定地面点位的科学,是对地球表面和空间中的各种自然和人造物体上与地理空间分布有关的信息进行采集、处理、管理、更新、利用的科学和技术,其实质是确定空间点的位置及其属性关系。测量学的任务包括测定和测设。测定是指使用测量仪器和工具,通过测量和计算,得到一系列的测量数据,或把地球表面的地形缩绘成地形图,供经济建设、规划设计、科学研究和国防建设使用。测设是指把图纸上规划设计好的建筑物、构筑物的位置在地面上标定出来,作为施工的依据。

测量学按照研究范围和对象的不同,可分为如下几个分支学科:

普通测量学:不考虑地球曲率的影响,研究小范围内的地球表面形状的测绘工作的学科。

大地测量学:研究整个地球的形状和大小,解决大地区控制测量、地壳变形以及地球重力场变化和问题的学科。

摄影测量与遥感学:研究利用摄影或遥感的手段来测定目标物的形状、大小和空间位置,判断其性质和相互关系的理论技术学科。

海洋测量学:以海洋和陆地水域为对象所进行的测量和制图工作的学科。

工程测量学:研究工程建设和自然资源开发中,在规划、勘测设计、施工放样、竣工验收和工程监测与保养等阶段进行的控制测量、地形测绘、施工放样、设备安装,以及变形监测的理论、技术和方法的学科。由于建设工程的不同,工程测量又可分为建筑工程测量、市政工程测量、矿山测量、水利工程测量、桥梁与隧道测量、精密工程测量等。

制图学:利用测量所得的成果资料,研究如何投影编绘成各种地图,以及地图制作的理论、工艺技术和应用等方面的测绘学科。

测量学的应用很广,在国民经济和社会发展规划中,测绘信息是重要的基础信息之一,各种规划及地籍管理,首先要有地形图和地籍图。另外,在各项经济建设中,从勘测设计阶段到施工、竣工阶段,都需要进行大量的测绘工作。在国防建设中,军事测量和军用地图是现代大规模的诸兵种协同作战不可缺少的重要保障。至于远程导弹、空间武器、人造卫星和航天器的发射,要保证它们能精确入轨,随时校正轨道和命中目标,除了应算出发射点和目标点的精确坐标、方位、距离外,还必须掌握地球的形状、大小的精确数据和有关地域的重力场资料。在科学试验方面,诸如空间科学技术的研究、地壳的变形、地震预报、灾情监测、海底资源探测、大坝变形监测、加速器和核电站运营的监测等,以及地极周期性运动的研究,无一不需要测绘工作紧密配合和提供空间信息。

在远古时代,人们就已将测量工作用于实际。20世纪中叶,新的科学技术得到了快速发展,特别是电子学、信息学、电子计算机科学和空间科学等,在其自身发展的同时,也给测量学的发展开拓了广阔的道路,创造了发展的条件,推动着测量技术和仪器的变革和进步。20世纪70年代,全球定位系统(GPS)问世,该系统采用卫星直接进行空间点的三维定位,引起了测绘工作的重大变革。以"3S"技术为代表的高精尖技术快速发展,除了美国研制了GPS定位系统外,苏联研制了GLONASS定位系统,还有欧洲航天局的全球卫星导航系统(NAVSATD)、中国的北斗卫星导航系统等。全球定位系统的研究进展很快,取得了很大的成果。展望未来,GPS、GIS技术将紧密结合工程项目,在勘测设计、施工管理一体化方面发挥重大作用。我国测绘学从中华人民共和国成立后才进入了一个崭新的阶段。在测绘工作方面,建立和统一了全国坐标系统和高程系统,建立了全国的大地控制网、国家水准网、重力基本网,完成了大地控制网和国家水准网的整体平差,并完成了国家基本地形图的测绘工作;在测绘仪器制造方面,从无到有,发展迅速,我国全站仪已经批量生产,国产GPS接收机已广泛使用,传统的测绘仪器已经配套下线。目前已建成全国GPS大地控制网。各部门对地理信息系统(GIS)的建立和应用十分重视,已经着手建立各行业的GIS系统,测绘工作已经为建立这一系统提供了大量的基础数据。

2. 建筑工程测量概述

建筑工程测量是工程测量学的分支学科,是研究建筑工程在规划设计、施工建设和运营管理阶段所进行的各类测量工作的理论、技术和方法的学科。它应用测量学中的基本理论和知识,利用测量仪器和工具来解决建筑工程在规划设计、施工、运营管理等各个阶段建筑物空间位置准确定位问题,其主要任务包括:

(1)在规划设计阶段提供地形资料。

(2)在施工阶段按照设计要求在实地准确地标定建筑物各部分的平面位置和高程,作为施工与安装的依据。

(3)在竣工后的运营管理阶段,测量工作包括竣工测量,以及为监视工程安全状况而进行的变形观测与维修养护等。

3. 建筑工程测量人员应具备的基本技能

(1)熟悉建筑工程测量相关的基本理论、基本计算;

(2)掌握常规测量仪器及工具的使用方法;

(3)了解并掌握小地区控制测量内业、外业工作,熟悉大比例地形图测绘的基本方法,并熟练掌握地形图的应用方法;

(4)了解建筑工程施工的一般流程,熟悉建筑工程施工测量的基本理论和方法;

(5)具备从事一般土建施工的基本岗位素质,熟悉各类工程图纸,具有责任心、团队意识。

任务 2 地面点位的确定

测量工作的实质是确定地面点的位置,在测量工作中,一般用某点在基准面上的投影位置(x,y)和该点离基准面的高度(H)来表示。

1. 测量基准面

1）测量工作基准面

地球的自然表面是很不规则的，陆地面积仅占 29％，而海洋面积占了 71％。因此，我们可以设想地球的整体形状是被海水所包围的球体，即设想将一静止的海洋面扩展延伸，使其穿过大陆和岛屿，形成一个封闭的曲面，如图 1-1-1(a) 所示。这一静止的闭合海水面称作水准面，与水准面相切的平面称为水平面。由于海水受潮汐、风浪等的影响而时高时低，故水准面有无穷多个，其中与平均海水面相吻合的水准面称作大地水准面，它是测量工作的基准面。被大地水准面所包围的形体称为大地体，通常用大地体来代表地球的真实形状和大小。地球上任一点都同时受到离心力和地球引力的作用，这两个力的合力称为重力，重力的方向线称为铅垂线，它是测量工作的基准线。水准面的特点是水准面上任意一点的铅垂线都垂直于该点的曲面。

图 1-1-1　大地水准面与地球参考椭球体

2）测量计算基准面

由于地球内部质量分布不均匀，地面上各点的铅垂线方向会产生不规则变化，所以大地水准面是一个不规则的无法用数学表达式表示的复杂曲面，在这样的曲面上是无法进行测量数据的计算及处理的。因此，人们进一步设想用一个与大地体非常接近的又能用数学表达式表示的规则球体，即旋转椭球体来代表大地体。如图 1-1-1(b) 所示，这个旋转椭球体是由椭圆 NSWE 绕其短轴 NS 旋转而形成的椭球体。与某个区域、国家的大地水准面最为密合的椭球称为参考椭球，其椭球面称为参考椭球面。

我国的 1954 年北京坐标系采用的是克拉索夫斯基椭球，当前应用的 1980 年国家大地坐标系采用的是地球椭球，而全球定位系统(GPS)采用的是 WGS-84 椭球。由于参考椭球的扁率很小，在小区域的普通测量中可将地(椭)球看作圆球。

2. 测量坐标系

1）地理坐标系

地理坐标系(见图 1-1-2)又可分为天文地理坐标系和大地地理坐标系两种。

(1) 天文地理坐标系。

天文地理坐标又称天文坐标，表示地面点在大地水准面上的位置，它用天文经度 λ 和天文纬度 φ 两个参数来表示。

（2）大地地理坐标系。

大地地理坐标又称大地坐标，表示地面点在参考椭球面上的位置，它用大地经度和大地纬度来表示。

（3）WGS-84坐标系。

WGS-84坐标系（见图1-1-3）是美国于1984年公布的空间三维直角坐标系，为世界通用的世界大地坐标系。利用GPS卫星定位系统得到的地面点位置是地心空间三维直角坐标，属于WGS-84坐标。我国WGS-84地心坐标系与大地坐标系、地方坐标系及土木工程中采用的独立平面直角坐标系之间存在相互转换关系。

图 1-1-2　地理坐标系　　　　　　　　　图 1-1-3　WGS-84 坐标系

2）高斯平面直角坐标系

当测区范围较大时，要建立平面坐标系，此时必须考虑地球曲率的影响。为了解决球面与平面这对矛盾，目前我国采用的是高斯投影，如图1-1-4所示。高斯投影是由德国数学家、测量学家高斯提出的一种横轴等角切椭圆柱投影，该投影解决了将椭球面转换为平面的问题。从几何意义上看，就是假设一个椭圆柱横套在地球椭球体外，并与椭球面上的某一条子午线相切，这条相切的子午线称为中央子午线。

图 1-1-4　高斯投影示意图

假设在椭球体中心放置一个光源，通过光线将椭球面上一定范围内的物象映射到椭圆柱的内表面上，然后将椭圆柱面沿一条母线剪开并展成平面，即获得投影后的平面图形。

为了对投影变形加以控制，测量过程中采用限制投影区域的办法，即将投影区域限制在中央子午线两侧的一定范围内,这就是所谓的分带投影,如图1-1-5所示。分带投影一般分为6°带投影和3°带投影两种,如图1-1-6所示。

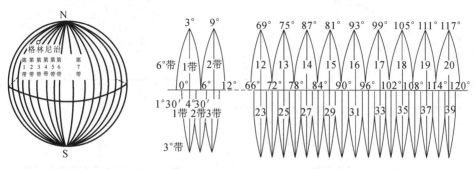

图1-1-5　投影分带　　　　　　图1-1-6　6°带投影和3°带投影

6°带投影是从英国格林尼治起始子午线开始,自西向东,每隔经差6°分为一带,将地球分成60个带,其编号分别为1,2,…,60。每带的中央子午线经度可用下式计算,即

$$L_6 = 6n - 3 \qquad\qquad (1-1)$$

式中,n为6°带的带号。

3°带投影是在6°带投影的基础上划分的,每3°为一带,共120带,其中央子午线在奇数带时与6°带投影的中央子午线重合,每带的中央子午线经度可用下式计算,即

$$L_3 = 3°n' \qquad\qquad (1-2)$$

式中,n'为3°带的带号。

我国领土位于东经72°～136°,共包括11个6°投影带,即13～23带;22个3°投影带,即24～45带。成都位于6°带的第18带,中央子午线经度为105°。

高斯平面直角坐标系是指通过高斯投影,将中央子午线的投影作为纵坐标轴,用x表示,将赤道的投影作为横坐标轴,用y表示,两轴的交点作为坐标原点,如图1-1-7所示。对应于每一个投影带,就有一个独立的高斯平面直角坐标系,若要区分各带坐标系,则利用相应投影带的带号。我国1:10 000至1:500 000地形图均采用高斯平面直角坐标系。我国位于北半球,在该坐标系内,x值均为正,而y值有正有负。为避免y坐标出现负值,规定将x坐标轴向西平移500 km,即所有点的y值加上500 km。此外,为便于区分该点位于哪个投影带,还应在横坐标前冠以6°投影带代号,这样得到的坐标称为国家统一坐标。

3）独立平面直角坐标系

当测区范围较小且相对独立时,可用测区中心点的水平面代替大地水准面。在此水平面内建立平面直角坐标系,如图1-1-8所示。地面点在此水平面内的投影位置通过投影点的平面直角坐标来表示。通常以南北方向为纵轴,即x轴,x轴向北为正,向南为负;以东西方向为横坐标轴,即y轴,y轴向东为正,向西为负;坐标象限按顺时针方向编号。为方便使用,坐标原点有时是假设的,原点设在测区的西南角,以避免坐标出现负值。测区内的点用(x,y)来表示,如有必要,可通过与国家坐标系联测而纳入统一坐标系,或称之为坐标换算。但当测区范围大时,不能将水准面看成水平面,必须采用适当的投影方法,建立全球统一的平面直角坐标系。

图 1-1-7　高斯平面直角坐标系　　　　图 1-1-8　独立平面直角坐标系

3. 测量高程系统

1）绝对高程

在一般的测量工作中都以大地水准面作为高程起算的基准面,因此,地面任一点沿铅垂线方向到大地水准面的距离就称为该点的绝对高程或海拔,简称高程,用 H 表示。在图 1-1-9 中,H_A、H_B 分别表示地面上 A、B 两点的高程。

我国规定以 1950—1956 年间青岛验潮站多年记录的黄海平均海水面作为我国的大地水准面,新的国家高程基准面是根据青岛验潮站 1952—1979 年间的验潮资料计算确定的,依此基准面建立的高程系统称为"1985 国家高程基准",其高程为 72.260 m,于 1988 年开始启用。

图 1-1-9　测量高程系统

2）相对高程

在引入绝对高程有困难的局部地区,可采用相对高程系统,假定任意一水准面作为高程起算面,地面任一点沿铅垂线方向到假定水准面的距离就称为该点的相对高程或假定高程。在图 1-1-9 中,H_A'、H_B' 分别为地面上 A、B 两点的相对高程,由此可以得到

$$h_{AB} = H_B - H_A = H_B' - H_A' \tag{1-3}$$

3）高差

地面上两点之间的高程之差称为高差,用 h 表示。例如,A 点与 B 点的高差可写为

$$h_{AB} = H_B - H_A \tag{1-4}$$

由上式可知,高差有正有负,用下标注明其方向。在土木建筑工程中,将绝对高程和相对高

程统称为标高。在建筑工程中,常选定建筑物底层室内地坪面作为该建筑施工工程高程起算面,标记为±0.000。

当地面点的平面坐标和高程都确定后,它的空间位置就可以确定了。因而,测量工作的实质就是确定地面点的平面位置和高程。

4)用水平面代替大地水准面的限度

当距离为 10 km 时,用水平面代替大地水准面所产生的距离相对误差是 1∶1 217 700,可忽略不计。因此,在半径为 10 km 的圆内进行距离测量工作时,可以不必考虑地球曲率的影响。

计算表明,对于面积在 100 km² 以内的多边形,地球曲率对水平角度的影响在高精密的测量中才考虑。一般在面积为 100 km² 的范围内,水平角度测量可不考虑地球曲率的影响。地球曲率的影响对于高差而言,即使在很短的距离内也必须加以考虑。

任务 3 测量工作的基本要求

1. 测量的基本工作

测量工作的基本任务是要确定地面点的平面位置和高程。确定地面点的几何位置需要进行一些测量的基本工作,为了保证测量成果的精度及质量,需遵循一定的测量原则。在实际测量工作中,地面点的平面坐标和高程都是间接测定的,通常是测出已知点与未知点之间的几何关系,然后推算出未知点的平面坐标和高程。点和点之间的相对空间位置可以根据其距离、角度和高差来确定,因此距离、角度和高差称为基本观测量。这些数据是研究地球表面上的点与点之间相对位置的基础,即确定地面点位的三要素。

1)平面直角坐标的测定

如图 1-1-10 所示,A、B 两点为已知坐标点,P 点为待定点。若要获得 P 点坐标,必须知道水平角 β 和 A、P 两点间的水平距离 D_{AP}。所以,确定地面点的平面直角坐标的主要测量工作是测量水平角和水平距离。

2)高程的测定

由式(1-4)可知

$$H_B = H_A + h_{AB} \qquad (1-5)$$

图 1-1-10 平面直角坐标的测定

由式(1-5)可以看出,若 H_A 已知,只需测量出两点之间的高差 h_{AB},就可间接求出 B 点的高程 H_B。所以,测定地面点高程的主要工作就是测定两点间的高差。

测量工作有些是在野外完成的,有些是在室内完成的。在野外利用测量仪器和工具测定地面上两点的水平距离、角度、高差,称为测量的外业工作;在室内将野外的测量成果进行数据处理、计算和绘图,称为测量的内业工作。测量的基本工作是角度观测、距离测量、高程测量,而测图、放样、用图是土木工程专业工程技术人员的基本功。

2. 测量工作的基本原则

1）从整体到局部、先控制后碎部、由高级到低级

测量的主要工作是测定和测设。无论是地形图的测绘还是建筑物的施工放样，在测量过程中，为了避免误差的积累，确保所测点位具有必要的精度，一般在整个测区或建筑场地内建立一定精度和密度的控制点，并测定这些控制点的坐标和高程，然后根据这些控制点进行碎部测量（地形特征点测量）和建筑物细部点的测设。这一测量过程在程序上遵循"从整体到局部"，在工作步骤上遵循"先控制后碎部"，在精度上遵循"由高级到低级"。这一工作流程既可减少误差的积累，同时也可在多个控制点上进行控制测量，加快工作进度。

2）步步检核

为了使测量成果无错误，在测量过程中必须遵循"步步检核"这一工作原则，就是要求测量过程中做到"边工作边检核"，一旦发现错误或精度不满足要求，必须查找原因或返工重测，确保测量工作各个环节的数据可靠，计算无误。

3. 测量工作的基本任务

测量工作的基本任务包括测定和测设，主要是测绘地形图和施工放样。

1）测绘地形图

如图 1-1-11 所示，要在 A 点测绘该测区所有的地物和地貌是不可能的。在 A 点只能测量附近的地物和地貌，而位于远处的地物和山背后的地貌是观测不到的，因此需要在若干点上分区观测，最后才能拼成一幅完整的地形图。实际测量时，应在测区选择若干个具有控制意义的点（A、B、C、D、E），这些点称为控制点，用较严密的方法、较精密的仪器测定这些控制点的平面位置和高程，再根据控制点观测周围的地物和地貌，这样可以控制测量误差的大小和传递的范围，使整个测区地形图的精度均匀。

图 1-1-11　控制测量和碎部测量

2）施工放样

施工放样（又称施工测量）是指把图上设计的建筑物的位置在实地标定出来。如图 1-1-12 所示，在控制点 A、F 附近设计的建筑物 L、M、N（图中虚线），施工前需在实地定出它们的位置。在控制点 A、F 处用仪器定出水平角所指的方向，并沿这些方向量出水平距离 D_1、D_2，在实地定出 1、2 等点，就是建筑物的实地位置。由于 A、B、C、D、E、F 是控制点，它们是一个整体，因此不论建筑物的范围多大，由各个控制点定出的建筑物的位置必能联系成为一个整体。同样，可以根据控制点的高程测设建筑物的设计高程。由此可见，施工放样同样需要遵循"从整体到局部"的测量原则。

图 1-1-12　施工放样

任务 4　测量误差的基本知识

不论采用何种方法、使用何种仪器进行测定或放样，都会给其成果带来误差。为了防止测量误差逐渐传递而累积增大到不能容许的程度，要求测量工作遵循在精度上由高级到低级的原则。

1. 测量误差的概念和分类

1）测量误差的概念

在实际的测量工作中可以发现：当对某个确定的量进行多次观测时，所得到的各个结果之间往往存在着一些差异；另外，当对若干个量进行观测时，虽然已经知道这几个量应该满足某一理论值，但实际观测结果往往不等于其理论上的应有值。例如，一个平面三角形的内角和等于180°，但实测三个内角之和并不等于180°，而是有一定的差异，这些差异称为不符值。像这些在同一条件下对某一观测量进行多次观测，各次测量结果间存在着差异，以及某些观测量间存在着某种确定的理论关系，但观测后所得的观测结果却不满足理论上的关系等一些问题，就是我们常说的观测误差。

2）误差的来源

通常把观测者、仪器设备、环境等三方面综合起来，称其为观测条件。观测条件相同的各次观测称为等精度观测，观测条件不同的各次观测称为非等精度观测。导致测量误差的因素很多，概括起来有以下三个方面：

（1）测量仪器设备。

仪器本身的精度是有限的，不论精度多高的仪器，观测结果总是达不到真值。仪器在装配、使用过程中,部件老化、松动或装配不到位使得仪器存在着误差。如水准尺刻划不均匀而使读数不准确,又如经纬仪的视准轴误差、横轴误差、竖盘指标差等,都是仪器本身的误差。

（2）观测者。

观测者的视力、观测者的经验甚至观测者的责任心,都会影响到测量结果。如水准尺倾斜、气泡未严格居中、估读不准确、未精确瞄准目标等,都是观测误差。

（3）外界条件。

测量工作都是在一定的外界条件下进行的,温度、风力、大气折光、地球曲率、仪器下沉都会对观测结果带来影响。

3）测量误差的分类

根据测量误差表现形式的不同,测量误差可分为系统误差、偶然误差和粗差。

（1）系统误差。

在相同的观测条件下对某一观测量进行多次观测,若各次观测误差在大小、符号上表现出系统性,或者在观测过程中表现出一定的规律性,或者为一常数,那么这种误差就称为系统误差。系统误差的符号和大小保持不变或者按一定规律变化。例如水准仪的 i 角误差,由于水准管轴与视准轴不平行,两者之间形成了夹角 i,使得中丝在水准尺上的读数不准确。如果水准仪离水准尺越远,i 角误差就会越大。由于 i 角误差是有规律的,因此它是系统误差。

对于系统误差来说,虽然正负符号一致使得误差积累,但由于系统误差具有一定的规律性,因此只要找到这种规律性,通过一定的措施进行改正,就可以消除或减小系统误差的影响,从而达到获取较为正确的观测值的目的。具体措施有:

① 采用观测方法消除。

水准仪置于距前后水准尺等距的地方,可以消除 i 角误差和地球曲率的影响;采用后前、前后的观测顺序,可以减小水准仪下沉的影响;通过盘左、盘右观测水平角和竖直角,可以消除经纬仪的横轴误差、视准轴误差、照准部偏心差和竖盘指标差的影响。

② 测定系统误差的大小,计算改正数,对观测值进行改正。

例如,精密钢尺量距中的尺长改正数 $\Delta D_k = D \cdot \Delta l_0 / l$,三角高程测量中的球气差改正数 $f = 0.43 D^2 / R$,光电测距仪的加常数和乘常数的改正数 $\Delta D = K + R \cdot D$。

③ 检校仪器。

将仪器的系统误差降低到最小限度或限制在一个允许的范围内。

（2）偶然误差。

在相同的观测条件下对某一观测量进行多次观测,若各次观测误差在大小和符号上表现出偶然性,即从单个误差看,该系列误差的大小和符号没有规律性,表现出偶然性,但就大量的误差而言,具有一定的统计规律,这种误差就称为偶然误差。偶然误差的符号和大小是无规律的,具有偶然性。

（3）粗差。

由于观测条件不好,观测值的误差较大或超过了规定的数值,这种误差就称为粗差。从严格意义上讲,粗差并不属于误差范围。

在测量工作中,粗差可以通过检核（包括测站检核、计算检核以及内业工作阶段检核）被发现,并从测量成果中予以剔除（如水平角观测实验中角度闭合差为十几分）,而系统误差和偶然误差则是同时存在的。对于系统误差,通过找到其规律性,采用一定的观测方法来消除或减小。

当系统误差很小,而误差的主要组成为偶然误差时,可以根据其统计规律进行处理,测量上称为"平差计算"。

2. 衡量精度的标准

精度是指在对某个量进行多次同精度观测过程中,其偶然误差分布的离散程度。在测量中引用了数理统计中的均方差的概念,并以此作为衡量精度的标准,具体以中误差、极限误差和相对误差作为衡量精度的标准。

1)中误差

$$m = \pm \sqrt{\frac{[\Delta\Delta]}{n}} \tag{1-6}$$

对被观测量进行观测,则可得到观测值。相同观测条件下被观测量的观测值与其真实值或理论值之间的差距,称为真误差,记为

$$\Delta_i = L_i - X_i \tag{1-7}$$

式中:X_i 为真值,即能代表某个客观事物真正大小的数值;L_i 为观测值,即对某个客观事物进行观测而得到的数值。中误差越大,精度越低。

2)极限误差

极限误差又称为容许误差或限差,在观测次数不多的情况下,测量中常把 3 倍中误差作为偶然误差的极限值,称之为极限误差。在对精度要求较高时,常取 2 倍中误差作为极限误差,即

$$\Delta_{限} = 3m \quad 或 \quad \Delta_{限} = 2m \tag{1-8}$$

3)相对误差

距离测量中常用相对误差来表示测量的精度。例如,丈量两段距离,即 $L_1 = 1000$ m,$L_2 = 80$ m,中误差分别为 $m_1 = \pm 2$ cm,$m_2 = \pm 2$ cm,两者精度并不相等。相对误差的公式为

$$K = \frac{|m_D|}{D} = \frac{1}{D/|m_D|} \tag{1-9}$$

3. 误差传播定律及其应用

1)误差传播定律

阐述观测值的中误差与观测值函数的中误差之间关系的定律称为误差传播定律。

首先分析线性函数的误差传播定律。

(1)线性函数。

设 $x_1, x_2, \cdots, x_t$ 为独立观测值,其中误差分别为 $m_1, m_2, \cdots, m_t$;z 为不可直接观测的未知量,其真误差为 Δz,z 为独立观测值 $x_1, x_2, \cdots, x_t$ 的函数,即

$$z = k_1 x_1 \pm k_2 x_2 \pm \cdots \pm k_t x_t \tag{1-10}$$

式中,$k_1, k_2, \cdots, k_t$ 为常数。

设 $x_1, x_2, \cdots, x_t$ 分别含有真误差 $\Delta x_1, \Delta x_2, \cdots, \Delta x_t$,则有

$$(z + \Delta z) = k_1(x_1 + \Delta x_1) + k_2(x_2 + \Delta x_2) + \cdots + k_t(x_t + \Delta x_t) \tag{1-11}$$

$$\Delta z = k_1 \Delta x_1 + k_2 \Delta x_2 + \cdots + k_1 \Delta x_t \tag{1-12}$$

若对 $x_1, x_2, \cdots, x_t$ 均观测 n 次,则有

$$\Delta z_1 = k_1 \Delta x_{11} + k_2 \Delta x_{21} + \cdots + k_t \Delta x_{t1}$$
$$\Delta z_2 = k_1 \Delta x_{12} + k_2 \Delta x_{22} + \cdots + k_t \Delta x_{t2}$$
$$\vdots$$
$$\Delta z_n = k_1 \Delta x_{1n} + k_2 \Delta x_{2n} + \cdots + k_t \Delta x_{tn}$$

(1-13)

若对上面各式平方后求和并除以 n，则有

$$\frac{\sum\limits_{i=1}^{n} \Delta z_i^2}{n} = \frac{k_1^2 \sum\limits_{i=1}^{n} \Delta x_{1i}^2}{n} + \cdots + \frac{k_t^2 \sum\limits_{i=1}^{n} \Delta k_{ti}^2}{n} + 2\frac{k_1 k_2 \sum\limits_{i=1}^{n} \Delta x_{1i} \Delta x_{2i}}{n} + \cdots + 2\frac{k_{t-1} k_t \sum\limits_{i=1}^{n} \Delta x_{(t-1)i} \Delta x_{ti}}{n}$$

(1-14)

根据偶然误差的特性 $\sum \Delta x_{(t-1)i} \Delta x_{ti} = 0$，有

$$\frac{\sum\limits_{i=1}^{n} \Delta z_i^2}{n} = \frac{k_1^2 \sum\limits_{i=1}^{n} \Delta x_{1i}^2}{n} + \frac{k_2^2 \sum\limits_{i=1}^{n} \Delta x_{2i}^2}{n} + \cdots + \frac{k_t^2 \sum\limits_{i=1}^{n} \Delta k_{ti}^2}{n}$$

(1-15)

根据中误差的定义，有

$$m_z^2 = k_1^2 m_1^2 + k_2^2 m_2^2 + \cdots + k_t^2 m_t^2$$

(1-16)

（2）一般函数。

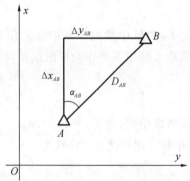

如图 1-1-13 所示，由已知点 A 的坐标值求未知点 B 的坐标值，点 A 的坐标值无误差，求 B 点的点位坐标精度，计算公式为式（1-17），观测值为边长 D_{AB} 和角度 α_{AB}，且已知测角中误差为 m_β，测距中误差为 m_D。

$$\begin{cases} x_B = x_A + D_{AB} \cdot \cos\alpha_{AB} \\ y_B = y_A + D_{AB} \cdot \sin\alpha_{AB} \end{cases}$$

(1-17)

一般函数的中误差的求算。

图 1-1-13　坐标推算

凡是在变量之间采用数学运算符号乘、除、乘方、开方、三角函数等的函数称为非线性函数。线性函数和非线性函数统称为一般函数，其一般形式可写为

$$z = f(x_1, x_2, \cdots, x_n)$$

(1-18)

式中，$x_1, x_2, \cdots, x_n$ 为观测值，且它们的中误差分别为 $m_1, m_2, \cdots, m_n$。

在推导和运用误差传播定律时，函数中的自变量（观测值）之间应该是相互独立、互不干扰的。

公式推算：

观测值 $x_1, x_2, \cdots, x_n$ 的误差为 $\Delta_1, \Delta_2, \cdots, \Delta_n$ 则

$$z + \Delta_z = f(x_1 + \Delta_1, x_2 + \Delta_2, \cdots, x_n + \Delta_n)$$

(1-19)

由高数分析可知，函数 z 的误差 Δ_z 与观测值 x_i 的误差 Δ_i 之间的关系可用全微分的形式来表达，即

$$z = f(x_1, x_2, \cdots, x_n)$$
$$\mathrm{d}z = \frac{\partial f}{\partial x_1}\mathrm{d}x_1 + \frac{\partial f}{\partial x_2}\mathrm{d}x_2 + \cdots + \frac{\partial f}{\partial x_n}\mathrm{d}x_n$$

(1-20)

所以有

$$\Delta z = \frac{\partial f}{\partial x_1}\Delta x_1 + \frac{\partial f}{\partial x_2}\Delta x_2 + \cdots + \frac{\partial f}{\partial x_n}\Delta x_n \tag{1-21}$$

又因为

$$m = \pm\sqrt{\frac{[\Delta\Delta]}{n}}$$

即

$$m^2 = \frac{[\Delta\Delta]}{n}$$

上式两边平方并求和且同除以 n，得

$$\frac{[\Delta_z\Delta_z]}{n} = \left(\frac{\partial f}{\partial x_1}\right)^2\frac{[\Delta x_1\Delta x_1]}{n} + \left(\frac{\partial f}{\partial x_2}\right)^2\frac{[\Delta x_2\Delta x_2]}{n} + \cdots + \left(\frac{\partial f}{\partial x_n}\right)^2\frac{[\Delta x_n\Delta x_n]}{n} + A \tag{1-22}$$

其中

$$A = 2\left(\frac{\partial f}{\partial x_1}\right)\left(\frac{\partial f}{\partial x_2}\right)\frac{[\Delta x_1\Delta x_2]}{n} + 2\left(\frac{\partial f}{\partial x_1}\right)\left(\frac{\partial f}{\partial x_3}\right)\frac{[\Delta x_1\Delta x_3]}{n} + \cdots + 2\left(\frac{\partial f}{\partial x_{n-1}}\right)\left(\frac{\partial f}{\partial x_n}\right)\frac{[\Delta x_{n-1}\Delta x_n]}{n}$$

因为 Δ_i 独立,且正负出现的概率相同,当 n 趋于足够大时,有

$$\lim_{n\to\infty}\frac{[\Delta]}{n} = 0 \tag{1-23}$$

则对于 $[\Delta_i\Delta_j]$,有

$$\lim_{n\to\infty}\frac{[\Delta_i\Delta_j]}{n} = 0 \tag{1-24}$$

所以 A 为零。

于是有

$$m_z^2 = \left(\frac{\partial f}{\partial x_1}\right)^2 m_1 + \left(\frac{\partial f}{\partial x_2}\right)^2 m_2 + \cdots + \left(\frac{\partial f}{\partial x_n}\right)^2 m_n \tag{1-25}$$

所以图 1-1-13 中的 B 点的点位精度可表示为

$$x_B = x_A + D_{AB}\cdot\cos\beta$$

$$\mathrm{d}x_B = \cos\beta\cdot\mathrm{d}D - D_{AB}\cdot\sin\beta\cdot\frac{\mathrm{d}\beta}{\rho}$$

$$\Delta x_B = \cos\beta\cdot\Delta D - S\cdot\sin\beta\cdot\frac{\Delta\beta}{\rho}$$

$$m_{x_B}^2 = \cos^2\beta\, m_D^2 + (D\cdot\sin\beta)^2\frac{m_\beta^2}{\rho^2}$$

同理可得

$$m_{y_B}^2 = \sin^2\beta\, m_D^2 + (D\cdot\cos\beta)^2\frac{m_\beta^2}{\rho^2}$$

$$m_B = \sqrt{m_{x_B}^2 + m_{y_B}^2} = \sqrt{m_D^2 + \frac{D^2 m_\beta^2}{\rho^2}} \tag{1-26}$$

2)算术平均值的中误差

$$x = \frac{[L]}{n} = \frac{L_1}{n} + \frac{L_2}{n} + \cdots + \frac{L_n}{n} \tag{1-27}$$

因为 L_i 是同精度的,故 $m_i = m$。

由误差传播定律可得

$$\Delta x = \frac{1}{n}(\Delta_1 + \Delta_2 + \cdots + \Delta_n) \tag{1-28}$$

上式两边平方并求和且同除以 n，得

$$\frac{[\Delta x \Delta x]}{n} = \left(\frac{1}{n}\right)^2 \frac{[\Delta_1 \Delta_1]}{n} + \left(\frac{1}{n}\right)^2 \frac{[\Delta_2 \Delta_2]}{n} + \cdots + \left(\frac{1}{n}\right)^2 \frac{[\Delta_n \Delta_n]}{n} + A \tag{1-29}$$

其中

$$A = 2\left(\frac{1}{n}\right)^2 \frac{[\Delta_1 \Delta_2]}{n} + 2\left(\frac{1}{n}\right)^2 \frac{[\Delta_1 \Delta_3]}{n} + \cdots + 2\left(\frac{1}{n}\right)^2 \frac{[\Delta_{n-1} \Delta_n]}{n} = 0$$

所以有

$$m_x^2 = \left(\frac{1}{n}\right)^2 (m_1^2 + m_2^2 + \cdots + m_n^2) = \left(\frac{1}{n}\right)^2 \cdot n \cdot m^2 = \frac{1}{n} \cdot m^2 \tag{1-30}$$

$$m_x = \frac{m}{\sqrt{n}} \tag{1-31}$$

3）由改正数计算同精度观测值的中误差

（1）改正数。

测量中由于观测量的真值往往是未知的，真误差也就不知道，所以中误差无法用 $m = \pm\sqrt{\frac{[\Delta\Delta]}{n}}$ 来计算，但是最或然值可以计算出来，它与观测值的差值也可以求得，所以测量中把最或然值与观测值的差值称为改正数，用字母 ν_i 来表示，即

$$\nu_i = x - L_i \tag{1-32}$$

（2）公式推算。

由 $\nu_i = x - L_i$ 可得

$$\Delta_i = L_i - X \tag{1-33}$$

两式相加后整理可得

$$\Delta_i = -\nu_i + (x - X) = -\nu_i + \Delta x$$

n 个该式平方和后除以 n，得

$$\frac{[\Delta\Delta]}{n} = \frac{[\nu\nu]}{n} - 2 \cdot [\nu]\frac{\Delta x}{n} + \Delta x^2 \tag{1-34}$$

其中

$$[\nu] = n \cdot x - [L] = n \cdot \frac{[L]}{n} - [L] = 0$$

$$\Delta x = \frac{[\Delta]}{n} = \frac{1}{n}(\Delta_1 + \Delta_2 + \cdots + \Delta_n)$$

$$\Delta x^2 = \left(\frac{1}{n}\right)^2 (\Delta_1^2 + \Delta_2^2 + \cdots + \Delta_n^2) + 2 \cdot \frac{1}{n^2}(\Delta_1\Delta_2 + \Delta_1\Delta_3 + \cdots + \Delta_{n-1}\Delta_n)$$

由前面的分析可得，$\lim\limits_{n \to \infty} \frac{[\Delta_i \Delta_j]}{n} = 0$，所以有

$$2 \cdot \frac{1}{n^2}(\Delta_1\Delta_2 + \Delta_1\Delta_3 + \cdots + \Delta_{n-1}\Delta_n) = 0$$

$$\Delta x^2 = \left(\frac{1}{n}\right)^2 (\Delta_1^2 + \Delta_2^2 + \cdots + \Delta_n^2) = \frac{1}{n} \cdot \frac{[\Delta\Delta]}{n} = \frac{1}{n} \cdot m^2$$

将上式代入式(1-38)，可得

$$\frac{[\Delta\Delta]}{n} = \frac{[vv]}{n} + \frac{1}{n} \cdot \frac{[\Delta\Delta]}{n} \Rightarrow \frac{[\Delta\Delta]}{n} - \frac{1}{n} \cdot \frac{[\Delta\Delta]}{n} = \frac{[vv]}{n}$$

所以有

$$\frac{[\Delta\Delta]}{n} = \frac{[vv]}{n} + \frac{[\Delta\Delta]}{n^2} \Rightarrow m^2 = \frac{[vv]}{n} + \frac{m^2}{n}$$

$$m = \pm\sqrt{\frac{[vv]}{n-1}} \qquad\qquad (1\text{-}35)$$

由改正数计算最或然值的中误差的公式为

$$m_x = \frac{m}{\sqrt{n}} = \pm\sqrt{\frac{[vv]}{n(n-1)}} \qquad\qquad (1\text{-}36)$$

(3) 算术平均值及其误差的计算步骤。

① 计算算术平均值：$x = \dfrac{[L]}{n}$。

② 计算改正数：$v_i = x - L_i$。

③ 精度评定：$m = \sqrt{\dfrac{[vv]}{n-1}}, m_x = \sqrt{\dfrac{[vv]}{n(n-1)}}$。

4) 实例分析

某直角三角形，测得其斜边 $S = 163.563$ m，其中误差 $m_S = \pm 0.006$ m；测得角度 $\theta = 32°15'26''$，其中误差 $m_\theta = \pm 6''$。设边长与角度观测独立，求直角边 h 的中误差 m_h。

解

$$h = S\sin\theta$$

$$\Delta h = \frac{\partial h}{\partial S}\Delta S + \frac{\partial h}{\partial \theta}\left(\frac{\Delta\theta}{\rho''}\right) = \sin\theta\Delta S + \frac{S\cos\theta}{\rho''}\Delta\theta$$

$$m_h^2 = \sin^2\theta \cdot m_S^2 + \left(\frac{S\cos\theta}{\rho''}\right)^2 m_\theta^2 = \left[0.533\,7^2 \times 6^2 + \left(\frac{163\,563 \times 0.845\,7}{206265}\right)^2 \times 6^2\right]\text{mm}^2$$

$$= 26.44\ \text{mm}^2$$

解得

$$m_h = \pm 5.14\ \text{mm}$$

注意：为了单位的统一，在计算时要将距离单位转化为 mm。ρ 为距离角度转换参数，$\rho'' = 206265''$。

习题

一、填空题

1.测量工作的基准线是_____,测量工作的基准面是_____。

2.高斯平面直角坐标系是以_____为 x 轴,向北为正;_____为 y 轴,向东为正。

3.我国目前采用的大地坐标系是_____,采用的高程系统是_____。

4.测量工作从布局上遵循_____的原则,从次序上遵循_____的原则。

5.绝对高程是地面点沿_____到_____的距离,通常用_____表示。

6.测量工作的三要素为_____、_____和_____。

7.测量工作的实质是_____。

8.测量误差按其对测量结果的影响性质,可分为_____误差、_____误差和粗差。

9.为了使高斯平面直角坐标系的 y 坐标恒大于零,将 x 轴自中央子午线西移_____km。

10.阐述观测值的中误差与观测值函数的中误差之间的关系的定律称为_____。

二、选择题

1.在( )范围内,可以用水平面代替球面进行距离测量。

A. 以 20 km 为半径   B. 以 10 km 为半径

C. 50 km²   D. 10 km²

2.我国目前采用的统一高程基准面是( )。

A. 青岛验潮站 1956 年平均海水面

B. 青岛验潮站 1985 年黄海平均海水面

C. 青岛验潮站 1956 年黄海海水平面

D. 青岛水准原点

3.以下不属于基本测量工作范畴的一项是( )。

A. 高差测量   B. 距离测量

C. 导线测量   D. 角度测量

4.在相同的观测条件下测得同一水平角的角值为 173°58′58″、173°59′02″、173°59′04″、173°59′06″、173°59′10″,则观测值的中误差为( )。

A. ±4.5″   B. ±4.0″   C. ±5.6″   D. ±6.3″

5.任意两点之间的高差与起算水准面的关系是( )。

A. 不随起算面而变化   B. 随起算面变化

C. 总等于绝对高程   D. 无法确定

学习情境 2

测量基本工作

学习目标:掌握角度、距离、高程测量的方法及原理,通过实践掌握仪器设备的操作技能,会利用测量仪器和设备取得三项基本测量工作成果。

功能目标:

1.会利用光学或电子测量设备开展水平角、竖直角及水平距离测量活动。

2.会利用光学水准仪进行高差测量、误差配赋和高程计算。

3.能正确理解角度、距离和高程测量的各项技术要求、注意事项。

4.能进行坐标方位角推算,正确理解坐标方位角的作用。

▌工作任务

1.掌握角度测量之水平角测量的方法与成果计算及应用。

2.掌握角度测量之竖直角测量的方法与成果计算及应用。

3.掌握光电测距和钢尺量距的方法。

4.掌握普通水准测量方法、平差成果计算及应用。

5.能熟练应用全站型电子经纬仪进行测角、测距和测高程。

无论是测绘还是测设工作,均需较好地掌握角度测量、距离测量、高程测量这些基本工作,理解测量原理,掌握施测方法。

任务 1 测量基本工作之角度测量

基本测量之角度测量

子任务 1 角度测量原理、仪器的认识与使用

图 1-2-1 水平角测量原理

1. 角度测量原理

1) 水平角测量原理

水平角是指地面上的一点到两个目标点的连线在水平面上投影的夹角,或者说水平角是过两条方向线的铅垂面所夹的两面角。如图 1-2-1 所示,β 角就是从地面点 B 到目标点 A、C 所形成的水平角,B 点称为测站点,$\beta = \angle A_1 B_1 C_1$。水平角的取值范围为 $0°\sim 360°$。

从图 1-2-1 中可以看出,A、$B(O)$、C 为地面上的任意三点,为测量 $\angle AOC$ 的大小,设想在 O 点沿铅垂线上方放置一按顺时针注记的水平度盘($0°\sim 360°$),使其中心位于角顶的铅垂线上。过 OA 铅垂面通过水平度盘的读数为 a,过 OC 铅垂面通过水平度盘的读数为 b,则 $\angle AOC$ 的大小即为水平角 β 的两读数之差,即

$$\beta = b - a \tag{2-1}$$

2) 竖直角测量原理

在同一竖直面内,目标方向与水平方向的夹角称为竖直角。目标方向在水平方向以上的,称为仰角,角值为正;目标方向在水平方向以下的,称为俯角,角值为负。竖直角的取值范围为 $0°\sim \pm 90°$。

从图 1-2-2 中可以看出,要测定竖直角,可在 O 点放置竖直度盘,在竖直度盘上读取视线方向的读数,视线方向与水平方向的读数之差,即为所求竖直角,即

$$\alpha = 目标视线读数 - 水平视线读数$$

Z 为天顶距(即地面点 O 垂直方向的北端,顺时针转至观测视线 OA 方向线的夹角)。

天顶距与竖直角的关系为

$$Z = 90° - \alpha \tag{2-2}$$

2. 角度测量仪器的认识与使用

角度测量的常用仪器有光学经纬仪和电子经纬仪两类,其构造基本类似。我国光学经纬仪的系列为 DJ_1、DJ_2、DJ_6 等。D、J 分别取大地测量仪器、经纬仪的汉语拼音的首个大写字母,数字

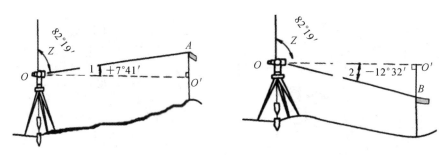

图 1-2-2　竖直角测量原理

为一测回的测角中误差。电子经纬仪包括普通电子经纬仪和全站型电子经纬仪。

1）光学经纬仪的构造

DJ$_6$级光学经纬仪（见图 1-2-3）主要由照准部、水平度盘和基座构成。

（1）照准部。

照准部由望远镜、横轴、U 形支架、竖轴、竖直度盘、竖盘指标水准管、管水准器、读数显微镜、水平和垂直制动螺旋和微动螺旋等组成。望远镜用于瞄准目标，其构造与水准仪的类似，由物镜、目镜、调焦透镜、十字丝分划板组成；横轴是望远镜的旋转轴；U 形支架用于支撑望远镜；竖轴是照准部旋转轴的几何中心；竖直度盘是一个 0°～360°顺时针或逆时针刻划的圆环形光学玻璃盘，用于测量竖直角；竖盘指标水准管用于指示竖盘指标是否处于正确位置；管水准器用于整平仪器；读数显微镜用来读取水平度盘和竖直度盘的读数；水平和垂直制动螺旋和微动螺旋用于控制仪器在水平面和竖直面内的转动。

（2）水平度盘。

水平度盘用来测量水平角，它是一个圆环形的光学玻璃盘，圆盘的边缘刻有分划。分划从 0°～360°按顺时针注记。水平度盘的转动通过复测扳手或水平度盘转换手轮来控制。我们在实验中经常用到的 DJ$_6$级光学经纬仪使用的是水平度盘转换手轮，在转换手轮的外面有一个护盖。在使用转换手轮的时候，先把护盖打开，然后再拨动转换手轮，将水平度盘的读数配置成想要的数值。不用的时候一定要把护盖盖上，以避免不小心碰动转换手轮而导致读数错误。

（3）基座。

基座上有三个脚螺旋、圆水准器、支座、连接螺旋等。圆水准器用来粗平仪器。另外，经纬仪上还装有光学对中器，用于对中，使仪器的竖轴与过地面标志点的铅垂线重合。

2）DJ$_6$级光学经纬仪的读数装置

DJ$_6$级光学经纬仪的读数装置分为分微尺读数装置和单平板玻璃测微尺读数装置，目前大多数的 DJ$_6$级光学经纬仪都采用分微尺读数装置。

（1）分微尺读数装置。

采用分微尺读数装置的经纬仪，其水平度盘和竖直度盘均刻划为 360 格，每格的角度为 1°。每个测微尺上均刻划为 60 格，并且度盘上的 1 格在宽度上刚好等于测微尺 60 格的宽度。这样，60 格的测微尺就对应度盘上的 1°，每格的角度值就为 1°。

在读数显微镜窗口内，"水平"或 HZ（horizon）（或"一"）表示水平度盘读数，"竖直"或 V（vertical）（或"⊥"）表示竖盘读数。

读数方法：如图 1-2-4 所示，首先看度盘的哪一条分划线落在分微尺 0 到 6 的注记之间，那

图 1-2-3　DJ₆级光学经纬仪

1—物镜；2—望远镜制动螺旋；3—度盘读数窗；4—望远镜微动螺旋；5—水平制动螺旋；6—水平微动螺旋；7—脚螺旋；
8—竖盘水准管观察镜；9—竖盘；10—瞄准器；11—物镜调焦螺旋；12—竖盘水准管；13—望远镜目镜；14—度盘照明镜；
15—竖盘水准管微动螺旋；16—光学对中器；17—水平度盘位置变换轮；18—圆水准器；19—水准管；20—基座；21—基座底板

图 1-2-4　DJ₆级光学经纬仪的读数窗口

么度数就由该分划线的注记读出（在水平度盘上读出73°），分数就是这条分划线所指向的分微尺上的读数（在分微尺上精确读出04°），读秒的时候要把分微尺上的一小格用目估的方法划分为十等份，每一等份就是6°，然后再根据度盘的分划线在这一小格中的位置估读出秒数（在分微尺上估读出54°）。

（2）单平板玻璃测微尺读数装置。

图 1-2-5 所示为单平板玻璃测微尺读数装置。照明光线将度盘的分划经过平板玻璃以及测微尺，然后经过一系列的棱镜、透镜，最后成像在读数显微镜中。图 1-2-5 中，中间是度盘的刻划和注记的影像，上面是测微尺的刻划和注记的影像。

当度盘刻划影像不位于双指标线中央时，这时的读数为 $92°+a$，a 的大小可以通过测微尺读出来。首先转动测微螺旋，使平板玻璃旋转，使得经过平板玻璃折射后的度盘刻划影像发生位移，从而带动测微尺读数指标发生相应位移，这样度盘分划影像位移量就反映在测微尺上。如图 1-2-5 所示，将 92° 的度盘分划调节到双指标线的中央时，测微尺上的位移也是 a。

在制造仪器的时候，玻璃度盘被刻划为 720 格，每格的角度值为 30′，按顺时针注记。当度盘刻划影像移动 1 格或 30′ 时，对应于测微尺上移动 90 格，则测微尺上的 1 格所代表的角度值为 $30×60°÷90=20°$，然后可以估读到测微尺 1 格的 1/10，即为 2°。

3）DJ₂级光学经纬仪的读数装置

DJ₂级光学经纬仪的构造与 DJ₆级光学经纬仪的基本相同，主要区别在于读数装置和读数方法。DJ₂级光学经纬仪一般采用对径分划线影像重合的读数装置。入射光线经过一系列的棱镜和透镜后，将度盘某一直径两端的分划线同时成像到读数显微镜内，并被横线分隔为正像和倒像。

图 1-2-5 单平板玻璃测微尺读数窗口

读数方法:如图 1-2-6 所示,最初从读数显微镜中看到的影像,度盘的对径分划线是错开的。首先转动测微轮,对齐上、下分划线。然后从左至右找一对注记,要求这一对注记正好相差 180°。这里要注意的是,正像的分划线在左边,倒像的分划线在右边,所以找到的应该是 202°和 22°这一对注记,而不是 23°和 203°这一对注记(且要求这一对注记为相距最近的一对注记)。从 22°开始,从左至右数格子,每一

图 1-2-6 DJ$_2$级光学经纬仪读数窗口

格为 10′,一共有 5 格,所以度盘窗口的读数为 22°50′。再从测微尺窗口中读取分数和秒数。测微尺窗口有两部分注记,左边的代表"分",右边的代表"十秒",所以测微尺窗口左边的读数为 6′,右边的读数为 58″,然后估读一位,那么右边的读数应为 58.6″,合起来测微尺窗口的读数为 6′58.6″。最后将度盘窗口的读数与测微尺窗口的读数相加(22°56′58.6″),就是最终的读数。

采用对径分划线影像重合的读数方法,实质上是取度盘直径两端读数的平均值,这样可以消除度盘偏心误差的影响。

4)经纬仪测角常用设备

经纬仪测角常用设备如图 1-2-7 所示。

5)经纬仪的操作

由水平角的定义可以知道,放置经纬仪的要求是将经纬仪的竖轴竖直且通过地面点的标记中心。将经纬仪的竖轴竖直是通过照准部上的水准器气泡居中来实现的,这一操作称为整平;使竖直的竖轴与地面点的标记中心在同一铅垂线上的操作称为对中。经纬仪的具体操作步骤如下。

(1)架设仪器。

将经纬仪放置在架头上,使架头大致水平,将三脚架的一条腿固定在适当位置,两手握住另外两条脚进行移动,同时通过光学对中器观察,使对中器对准地面点的标记中心,固定这两条脚,旋紧连接螺旋。

标杆　　　测杆　　　　　　　　战牌　　　铅垂线

图 1-2-7　经纬仪测角常用设备

（2）对中。

对中的目的是使仪器中心与测站点位于同一铅垂线上。根据仪器的结构,可用垂球对中,也可用光学对中器对中。在使用光学对中器时,应先利用脚螺旋使圆水准器气泡居中,再看光学对中器是否对中。如有偏离,仍在仪器架头上平行移动仪器,在保证圆水准器气泡居中的情况下,使其与地面点对准。如果不用垂球粗略对中,则一边观察光学对中器一边移动三脚架,使光学对中器与地面点对准。这时仪器架头可能倾斜很大,应根据圆水准器气泡的偏移方向,伸缩相关三脚架腿,使气泡居中。伸缩三脚架腿时,应先稍微旋松伸缩螺旋,待气泡居中后,立即旋紧。因为光学对中器的精度较高,且不受风力影响,应尽量采用。待仪器精确整平后,仍要检查对中情况。因为只有在仪器整平的情况下,光学对中器的视线居于铅垂位置,对中才是正确的。

（3）整平。

经纬仪整平的目的是使竖轴居于铅垂位置,水平度盘水平。整平时要先用脚螺旋使圆水准器气泡居中,以粗略整平,再用管水准器精确整平。

① 粗平:伸缩三脚架腿,使圆水准器气泡居中。

② 检查并精确对中:检查对中标记是否偏离地面点,如果偏离了,旋松三脚架上的连接螺旋,平移仪器基座,使对中标记准确对准测站点的中心,拧紧连接螺旋。

③ 精平:旋转脚螺旋,使管水准器气泡居中。

由于位于照准部上的管水准器只有一个,如图 1-2-8 所示,可以先使它与一对脚螺旋的连线方向平行,然后双手以相同速度朝相反方向旋转这两个脚螺旋,使管水准器气泡居中,再将照准部平转 90°,用另外一个脚螺旋使气泡居中。这样反复进行,直至管水准器气泡在任一方向上都居中为止。在整平仪器后,还需检查光学对中器是否偏移。如果偏移,则重复上述操作方法,直至管水准器气泡居中,光学对中器对中为止。

（4）瞄准与读数。

松开照准部和望远镜的制动螺旋,用粗瞄器初步瞄准目标,然后拧紧这两个制动螺旋;调节目镜对光螺旋,看清十字丝,再转动物镜对光螺旋,使望远镜内的目标清晰;旋转水平微动螺旋和垂直微动螺旋,用十字丝精确照准目标,并消除视差;调整照明反光镜,使读数窗口亮度适中;旋转读数显微镜的目镜,使刻划线清晰;最后读数,如图 1-2-9 所示。

图1-2-8　转动脚螺旋整平仪器

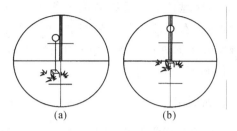

图1-2-9　瞄准目标

3. 经纬仪的检验与校正

经纬仪出厂时,一般都能满足上述几何关系。但在运输或使用过程中,由于震动等因素的影响,轴线间可能不满足几何关系。因此,应经常对所用经纬仪进行检验与校正。

经纬仪必须满足下列几个条件:

(1) 照准部水准管轴应垂直于竖轴,即 $LL \perp VV$。

(2) 视准轴应垂直于横轴,即 $CC \perp HH$;横轴应垂直于竖轴,即 $HH \perp VV$。

(3) 十字丝竖丝垂直于横轴,竖盘指标差为零。

(4) 光学对中器视准轴的折光轴应与仪器竖轴重合,且位于铅垂线上。

如今一般仪器的售后服务均比较完善,检验与校正工作可交给厂家负责。

4. 电子经纬仪的简要介绍

电子经纬仪具有与光学经纬仪相似的外形结构,操作方法也基本相同,但读数系统各不相同:光学经纬仪配以光学测微器读取角值;电子经纬仪采用了光电度盘,利用光电扫描度盘来获取照准方向的电信号,通过电路对信号的识别、转换、计数,拟合成数值并显示在显示屏上。电子经纬仪如图1-2-10所示。

(a)

(b)

图1-2-10　电子经纬仪

子任务2　水平角测量

水平角测量

角度观测过程中望远镜的位置有两种:盘左、盘右。当望远镜照准目标时,竖盘位于望远镜的左侧称为盘左,位于望远镜的右侧称为盘右。盘左观测称为上半测回,盘右观测称为下半测回,盘左和盘右两个半测回合在一起称为一测回。测角时常有观测几个测回的情况,此时的最后角值为几个测回的平均值。常用的水平角观测方法有测回法和方向观测法两种。

1. 测回法

测回法是观测水平角的一种最基本方法,常用于观测两个方向的单个水平夹角。

当所测的角度只有两个方向时,通常采用测回法观测。如图 1-2-11 所示,欲测 AB、BC 两个方向之间的水平角 $\angle ABC$,在角顶 B 处放置仪器,在 A、C 处设立观测标记。经过对中、整平以后,即可按下述步骤观测。

图 1-2-11 水平角观测

(1)在测站点 B 处放置经纬仪,在 A、C 两点竖立测杆或测钎等,作为目标标记。

(2)将仪器置于盘左位置,转动照准部,先瞄准左目标 A,读取水平度盘读数 a_L,假设读数为 $0°01'30''$,记入表 1-2-1 的相应栏内;松开照准部制动螺旋,沿顺时针转动照准部,瞄准右目标 C,读取水平度盘读数 c_L,假设读数为 $98°20'48''$,记入表 1-2-1 的相应栏内。以上称为上半测回,盘左位置的水平角角值(也称上半测回角值)β_L 为

$$\beta_L = c_L - a_L = 98°20'48'' - 0°01'30'' = 98°19'18''$$

(3)松开照准部制动螺旋,倒转望远镜至盘右位置,先瞄准右目标 C,读取水平度盘读数 c_R,假设读数为 $278°21'12''$,记入表 1-2-1 的相应栏内;松开照准部制动螺旋,沿逆时针转动照准部,瞄准左目标 A,读取水平度盘读数 a_R,假设读数为 $180°01'42''$,记入表 1-2-1 的相应栏内。以上称为下半测回,盘右位置的水平角角值(也称下半测回角值)β_R 为

$$\beta_R = c_R - a_R = 278°21'12'' - 180°01'42'' = 98°19'30''$$

上半测回和下半测回构成一测回。

(4)对于 DJ_6 级光学经纬仪,如果上、下两半测回角值之差不大于 $\pm 40''$,则认为观测合格,此时可取上、下两半测回角值的平均值作为一测回角值。

表 1-2-1　测回法观测手簿

测站	竖盘位置	目标	水平度盘读数 °	′	″	半测回角值 °	′	″	一测回角值 °	′	″	各测回平均值 °	′	″	备注
B	左	A	0	01	30	98	19	18	98	19	24	98	19	30	
		C	98	20	48										
	右	A	180	01	42	98	19	30							
		C	278	21	12										
B	左	A	90	01	06	98	19	30	98	19	36				
		C	188	20	36										
	右	A	270	00	54	98	19	42							
		C	8	20	36										

注意：由于水平度盘是沿顺时针刻划和注记的，所以在计算水平角时，总是用右目标的读数减去左目标的读数，如果不够减，则应在右目标的读数上加上 360°，再减去左目标的读数，绝不可以倒过来减。

当测角精度要求较高时，需对一个角度观测多个测回，应根据测回数 n，以 $180°/n$ 的差值安置水平度盘读数。例如，当测回数 $n=2$ 时，第一测回的起始方向读数可安置在略大于 0° 处，第二测回的起始方向读数可安置在略大于 90°（$180°/2=90°$）处。各测回角值互差如果不超过 $\pm 24″$，取各测回角值的平均值作为最后角值，记入表 1-2-1 的相应栏内。

2. 方向观测法

当在同一测站上需要观测三个以上的方向时，通常用方向观测法观测水平角。如图 1-2-12 所示，欲在 O 点一次测出 α、β 和 γ 三个水平角。其观测步骤和计算方法如下。

1）观测步骤

在测站点 O 安置经纬仪，并对中、整平、调焦、照准。

盘左：瞄准 A 点，转动测微轮，使水平度盘的读数为 $0°00′00″$，并记入表 1-2-2 中，然后顺时针转动仪器，依次

图 1-2-12　方向观测法

瞄准 B 点、C 点、D 点、A 点，读出水平度盘的读数，并记入表 1-2-2 中，这一操作称为上半测回。

盘右：逆时针转动仪器，按 A、D、C、B、A 的顺序依次瞄准目标，读出水平度盘的读数，并记入表 1-2-2 中，这一操作称为下半测回。

以上过程为一个测回。当需要观测 n 个测回时，仍按 $180°/n$ 变换起始方向读数。起始于 A 点又终止于 A 点的过程称为归零方向观测法，又称全圆方向观测法。

表 1-2-2　方向观测法测水平角记录手簿

日期：　　　　　　　　天气：　　　　　　　　班级：

仪器：　　　　　　　　观测者：　　　　　　　记录者：

测站	测回数	目标	读数 盘左			读数 盘右			2c	平均读数=1/2[左+右±180°]			归零后方向值			各测回归零后方向平均值		
			°	′	″	°	′	″	″	°	′	″	°	′	″	°	′	″
O	1									0	00	06						
		A	0	02	00	180	02	06	−6″	0	02	03	0	00	00	0	00	00
		B	96	53	54	276	53	48	+6″	96	53	51	96	53	45	96	53	42
		C	143	33	36	323	33	36	0″	143	33	36	143	33	30	143	33	30
		D	214	07	00	34	07	06	−6″	214	07	03	214	06	57	214	07	00
		A	0	02	12	180	02	06	+6″	0	02	09						
			Δ左=+12″			Δ右=0″				90	03	07						
O	2	A	90	03	00	270	03	02	−2″	90	03	01	0	00	00			
		B	186	54	38	6	54	56	−18″	186	54	47	96	53	40			
		C	233	34	32	53	34	44	−12″	233	34	38	143	33	31			
		D	304	08	06	124	08	12	−6″	304	08	09	214	07	02			
		A	90	03	14	270	03	14	0	90	03	14						
			Δ左=+14″			Δ右=+12″												

2）观测数据计算

计算归零差：起始方向的两次读数的差值称为半测回归零差，以 Δ 表示。例如，表 1-2-2 中盘左的归零差 $\Delta_左=0°02'12''-0°02'00''=+12''$，盘右的归零差 $\Delta_右=180°02'06''-180°02'06''=0''$。对于 J_6 级仪器，Δ 应小于 $\pm18''$；对于 J_2 级仪器，Δ 应不超过 $\pm12''$，否则应查明原因后重测。

计算两倍照准差：表中的 $2c$ 称为两倍照准差，$2c=$ 盘左读数 −（盘右读数 $\pm180°$）。例如，第一测回 OB 方向的 $2c$ 值为

$$2c=96°53'54''-(276°53'48''-180)=+6''$$

对于 J_2 级经纬仪，一测回内 $2c$ 的变化范围应不超过 $\pm18''$；对于 J_6 级经纬仪，考虑到度盘偏心差的影响，$2c$ 的互差只做自检，不做限差规定。

计算平均方向值：

$$各方向平均读数=\frac{1}{2}[盘左读数+（盘右读数\pm180°）]$$

例如，第一测回 OB 方向的平均方向值为

$$96°53'54''+(276°53'48''-180°)=96°53'51''$$

由于 OA 方向有两个平均方向值，故还应将这两个平均方向值再取平均，得到唯一的平均方向值，填写在对应列的上端，并用圆括号括起来。如第一测回 OA 方向的最终平均方向值为

$$\frac{1}{2}(0°00'03''+0°00'09'')=0°00'06''$$

计算归零后方向值:将起始方向值化为零后各方向对应的方向值称为归零后方向值,即归零后方向值等于平均方向值减去起始方向的平均方向值。例如,第一测回 OB 方向的归零后方向值为

$$96°53'51'' - 0°00'06'' = 96°53'45''$$

计算归零后方向平均值:如果在一测站上进行多测回观测,当同一方向各测回的归零后方向值的互差,对于 J_6 级仪器不超过 $±24''$,对于 J_2 级仪器不超过 $±12''$ 时,取平均值作为结果。例如,表 1-2-2 中 OB 方向两测回的归零后方向平均值为

$$\frac{1}{2}(96°53'45'' + 96°53'40'') = 96°53'42''$$

计算水平角:任意两个方向值相减,即得这两个方向间的水平角。例如,OB 与 OC 方向的水平角为

$$\angle BOC = 143°33'30'' - 96°53'42'' = 46°39'48''$$

方向观测法的限差要求如表 1-2-3 所示。

表 1-2-3　方向观测法的限差要求

经纬仪型号	半测回归零差 "	一测回 $2c$ 互差 "	同一方向各测回互差 "
DJ_2	8	13	9
DJ_6	18	—	24

子任务 3　竖直角测量

竖直角测量

1. 竖盘构造

经纬仪的竖盘包括竖直度盘、竖盘指标水准管、竖盘指标水准管微动螺旋。竖直度盘注记从 0° 到 360° 进行分划,分为顺时针注记和逆时针注记两种。竖盘随望远镜一起绕横轴旋转,竖盘面垂直于横轴。旋转竖盘指标水准管微动螺旋,将带动竖盘指标水准管和竖盘读数指标一起作微小的转动。

竖盘读数指标的正确位置是:当望远镜处于盘左位置并且水平,竖盘指标水准管气泡居中时,竖盘指标指向 90°,读数窗口中的竖盘读数应为 90°(有些仪器设计为 0°、180° 或 270°,现约定为 90°);当望远镜处于盘右位置并且水平,竖盘指标水准管气泡居中时,读数窗口中的竖盘读数应为 270°。

2. 竖直角计算

若采用图 1-2-13 所示的竖盘注记,观测时读数并不是竖角值,而是天顶距角值,所以要把盘左、盘右的读数改算成竖角值。竖盘是采用顺时针注记的,现在假设望远镜水平,置于盘左的位置,竖盘指标水准管气泡居中,此时竖盘指标应指向 90°,然后转动望远镜瞄准目标,竖盘也会一起转动,竖盘指标就会指向一个新的分划 L。根据竖直角的定义,竖直角 α 是目标方向与水平方向的夹角。度盘上的分划 L 与 90° 分划之间的夹角,就是要测的竖直角 α,由此可得

$$\begin{cases} \alpha_{左} = 90° - L \\ \alpha_{右} = R - 270° \end{cases} \qquad (2\text{-}3)$$

式中，L 为竖盘盘左读数，R 为竖盘盘右读数。

(a) 盘左

(b) 盘右

图 1-2-13 竖盘读数与竖直角计算

如果用盘左和盘右瞄准同一目标来测量竖直角，这样就构成了一个测回，这个测回的竖直角就是盘左、盘右的平均值。

$$\alpha = \frac{1}{2}(\alpha_{左} + \alpha_{右}) = \frac{1}{2}\left[(R - L) - 180°\right] \qquad (2\text{-}4)$$

竖直角计算公式的判断法则如下：

(1) 首先将望远镜大致安置于水平位置，然后从读数窗口中看起始读数，这个起始读数应该接近于一个常数，比如 $90°$，$270°$。

(2) 然后抬高望远镜，若读数增加，则 $\alpha=$ 读数 $-$ 常数；若读数减小，则 $\alpha=$ 常数 $-$ 读数。

3. 竖盘指标差

竖盘指标因运输、震动、长时间使用后，常常不处于正确的位置，与正确位置之间会相差一个微小的角度 x，这个角度 x 称为竖盘指标差。当竖盘指标的偏移方向与竖盘注记增加的方向一致时，竖盘指标差为正，反之为负。

竖盘指标差如图 1-2-14 所示。在图 1-2-14(a)中，竖盘指标的偏移方向与竖盘注记增加的方向一致，故竖盘指标差为正，那么当望远镜的视线水平时，盘左的读数为 $90°+x$，当望远镜倾斜了一个 α 角，α 就是竖直角，这时竖盘指标读数为 L，L 的分划与 $90°+x$ 的分划之间的夹角就是 α。因为度盘是随望远镜一起转动的，望远镜转动了 α 角，度盘也就转动了 α 角。故存在竖盘指标差 x 时竖直角的计算公式为(顺时针注记)

$$\begin{cases} \alpha_{左} = 90° - (L - x) \\ \alpha_{右} = (R - x) - 270° \end{cases} \qquad (2\text{-}5)$$

(a) 盘左

(b) 盘右

图 1-2-14　竖盘指标差

盘左、盘右观测的竖直角取平均,可得

$$\alpha = \frac{1}{2}(\alpha_{左} + \alpha_{右}) = \frac{1}{2}\big[(R - L) - 180°\big] \qquad (2\text{-}6)$$

在式(2-6)中,竖盘指标差被抵消了。由此可以看出,采用盘左、盘右观测并取平均可消除竖盘指标差的影响。将式(2-5)中的两式相减,可得竖盘指标差的计算公式为

$$x = \frac{L + R - 360°}{2} \qquad (2\text{-}7)$$

4. 竖直角观测、记录及计算

竖直角观测的操作步骤如下:

(1) 测站上安置仪器,对中和整平后量取仪器高。

(2) 盘左瞄准目标,转动竖盘指标水准管微动螺旋,使竖盘指标水准管气泡居中,读取竖盘读数 L,并将观测数据记录到表 1-2-4 中。

(3) 倒镜,盘右瞄准目标,使竖盘指标水准管气泡居中,读取竖盘读数 R,并将观测数据记录到表 1-2-4 中。

(4) 计算竖直角及竖盘指标差。

（5）若要进行 n 次观测，重复步骤（2）～（4），取各测回竖直角的平均值。

（6）检核，竖盘指标差互差应不超过 15″。

表 1-2-4　竖直角观测记录表

测站	目标	竖盘	竖盘读数			半测回竖直角			一测回竖直角			备注
			°	′	″	°	′	″	°	′	″	
A	B	左	72	36	12	17	23	48	17	23	46	
		右	287	23	44	17	23	44				
	C	左	88	15	52	1	44	08	1	44	07	
		右	271	44	06	1	44	06				
	D	左	102	50	32	−12	50	32	−12	50	36	
		右	257	09	20	−12	50	40				

任务 2　测量基本工作之距离测量

子任务 1　钢尺量距与直线定线、光电测距

1. 钢尺量距与直线定线

1）钢尺量距

钢尺通常由薄碳钢带制成，其宽度为 1～1.5 cm，长度有 20 m、30 m、50 m 三种，其基本分划为厘米，一般全长刻有毫米分划，米和分米刻划处有数字注记。根据钢尺零点位置的不同，钢尺有端点尺和刻线尺之分，如图 1-2-15 所示。钢尺量距方法与普通卷尺量距方法相同，只是在较精密的距离测量中还需用到温度计、弹簧秤等工具，配套工具包括测杆、测钎、垂球等。测杆多由木料或铝合金制成，直径约 3 cm，全长有 2 m、2.5 m 及 3 m 等几种规格，杆上油漆呈红白相间的 20 cm 色段，非常醒目，测杆下端装有尖头铁脚，便于插入地面，作为照准标志。垂钎一般由钢筋制成，上部弯成小圆环，下部磨尖，直径为 3～6 mm，长度为 30～40 cm，通常将 6 根或 11 根系成一组。量距时，将测钎插入地面，用以标定尺端点的位置，亦可作为近处目标的瞄准标志。垂球由金属制成，上大下尖，呈圆锥形，上端中心系一细绳，悬吊后垂球尖与细绳在同一垂线上，常用于在斜坡上丈量水平距离。弹簧秤和温度计等在精密量距中应用。

钢尺的优点是抗拉强度高，不易拉伸，所以量距精度较高，在工程测量中常用钢尺量距；其缺点是性脆，易折断，易生锈，使用时要避免扭折，防止受潮。

因为钢尺由碳钢制成，碳钢本身具有延展性，所以钢尺的长度会因外界环境，如温度、湿度

图 1-2-15　钢尺

以及测量时的拉力的变化而变化。为了将这些变化量修正到测量结果中，就必须对钢尺的长度加以修正，测量中常用一种函数来表示钢尺的实际长度。在一定拉力的作用下，用以温度为自变量的函数来表示在某一温度时钢尺的实际长度，该函数称为尺长方程式，即

$$l_t = l + \Delta l + l \cdot \alpha \cdot (t - t_0) \tag{2-8}$$

式中：l_t 为测量时钢尺的实际长度；l 为钢尺刻划上注记的长度，即名义长度；Δl 为钢尺在检定温度时的尺长修正数；α 为钢尺膨胀系数，其值为 $11.6 \times 10^{-6} \sim 12.5 \times 10^{-6}$；$t_0$ 为钢尺检定温度，又称标准温度，一般取 $20\ ℃$；t 为测量时的温度。

　　每根钢尺都应有尺长方程式，才能测得实际长度，但尺长方程式中的 Δl 会因一些客观因素的影响而变化，所以钢尺每使用一段时间后必须重新检定。检定的方法主要是与标准长度相比较。如已检定过的钢尺、有标准长度的钢尺检定场，均可用于检定钢尺，求得钢尺的尺长方程式。

　　下面介绍平坦地面上的量距方法。测量前，先将待测的两个端点用木桩（桩顶钉一小钉）标记出来，清除直线上的障碍物后，一般由两人在两点间边定线边测量，具体做法如下。

　　(1) 如图 1-2-16 所示，量距时先在 A、B 两点上竖立测杆（或测钎），标定直线方向，然后后尺手持钢尺的零端位于 A 点，前尺手持钢尺的末端并携带一束测钎，沿 AB 方向前进，至一尺段长处停下，两人都蹲下。

图 1-2-16　钢尺量距

　　(2) 后尺手以手势指挥前尺手将钢尺拉在 AB 直线方向上，后尺手将钢尺的零点对准 A 点，两人同时将钢尺拉紧、拉平、拉稳后，前尺手喊"预备"，后尺手将钢尺零点准确地对准 A 点，并喊

"好",前尺手随即将测钎对准钢尺末端刻划竖直插入地面(在坚硬地面处,可用铅笔在地面画线作为标记),得 1 点。这样便完成了第一尺段 A1 的测量工作。

(3)接着后尺手与前尺手共同举尺前进,后尺手走到 1 点时即喊"停"。采用同样的方法测量第二尺段,然后后尺手拔起 1 点上的测钎。如此继续测量下去,直至最后量出不足一整尺的余长 q。故 A、B 两点间的水平距离为

$$D_{AB} = n \cdot l + q \tag{2-9}$$

式中,n 为整尺段数(即在 A、B 两点之间所拔测钎数),l 为钢尺长度,q 为不足一整尺的余长。为了防止测量错误和提高精度,一般还应从 B 点至 A 点进行返测,返测时应重新进行定线。取往、返测距离的平均值作为 A、B 两点间最终的水平距离。

2)直线定线

测量水平距离时,当地面上两点间的距离超过一整尺长时,或地势起伏较大,一尺段无法完成测量工作时,需要在两点的连线上标定出若干个点,这项工作称为直线定线。按精度要求的不同,直线定线有目估定线和经纬仪定线两种。现介绍目估定线方法。

如图 1-2-17 所示,A、B 两点为地面上互相通视的两点,现欲在 A、B 两点间的直线上标定出 C、D 等分段点,定线工作可由甲、乙两人进行,具体步骤如下。

图 1-2-17　直线定线

(1)定线时,先在 A、B 两点上竖立测杆,甲立于 A 点测杆后面 1~2 m 处,用眼睛自 A 点测杆后面瞄准 B 点测杆。

(2)乙持另一测杆沿 BA 方向走到离 B 点大约一尺段长的 C 点附近,按照甲的指挥手势左右移动测杆,直到测杆位于 AB 直线上为止,插下测杆(或测钎),定出 C 点。

(3)乙再带着测杆走到 D 点处,采用同样的方法在 AB 直线上竖立测杆(或测钎),定出 D 点,以此类推。这种从直线远端 B 走向近端 A 的定线方法,称为走近定线。直线定线一般应采用走近定线。

2. 视距测量

视距测量是用望远镜内的视距丝装置,根据光学原理同时测定距离和高差的一种方法。这种方法具有操作方便、速度快、一般不受地形限制等优点,虽然精度较低(普通视距测量仅能达到 1/200~1/300 的精度),但能满足测定碎部点位置的精度要求,所以视距测量被广泛地应用于地形测图中。

1)视距测量原理

视距测量所用的仪器主要有经纬仪、水准仪和平板仪等,还要用到视距丝和视距尺。视距

丝即望远镜内十字丝平面上的上下两根短丝,它们与横丝平行且等距,如图 1-2-18 所示。视距尺是有刻划的尺子,和水准尺基本相同。

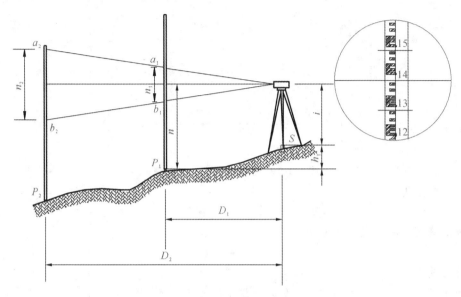

图 1-2-18 视线水平时的视距测量

(1)视线水平时的水平距离和高差公式。

如图 1-2-18 所示,在 S 点安置经纬仪,在 P_1 点竖立视距尺,用望远镜照准视距尺,当望远镜视线水平时,视线与尺子垂直。上、下视距丝读数之差称为视距间隔或尺间隔,用 n 表示,即

$$n = |a - b| \tag{2-10}$$

由于上、下视距丝引出的视线所夹角度为定值,因此视距间隔与测站至立尺点的水平距离成正比,于是有

$$D = Kn \tag{2-11}$$

式中,K 为视距乘常数,通常取 $K=100$。

同时,A、B 两点间的高差 h 为

$$h = i - \nu \tag{2-12}$$

式中:i 为仪器高(m);ν 为十字丝中丝在视距尺上的读数,即中丝读数(m)。

(2)视线倾斜时的水平距离和高差公式。

在地面起伏较大的地区进行视距测量时,必须使望远镜的视线处于倾斜位置才能瞄准视距尺,此时视线便不垂直于竖立的视距尺尺面。下面介绍视线倾斜时的水平距离和高差的计算公式。

如图 1-2-19 所示,如果把竖立在 B 点的视距尺的尺间隔 MN 换算成与视线相垂直的尺间隔 $M'N'$,就可用视线水平时的公式计算出倾斜距离 L,然后再根据 L 和垂直角 α 算出水平距离 D 和高差 h。

B 点高出 A 点,虽然视距尺铅直,但是倾斜视线与视距尺仍不垂直,这时视距尺上的读数就带有误差,所以应对视距尺上的读数予以修正。

视距尺不垂直于视线的修正为

$$L = Kl' = K \cdot l \cdot \cos\alpha \tag{2-13}$$

图 1-2-19　视线倾斜时的视距测量

视线倾斜的修正为

$$D = L \cdot \cos\alpha = K \cdot l \cdot \cos^2\alpha$$

经这两项的修正后的水平距离应为

$$D = K \cdot l \cdot \cos^2\alpha \qquad (2\text{-}14)$$

高差计算公式为

$$h_{AB} = D\tan\alpha + i - \nu \qquad (2\text{-}15)$$

2）视距测量的施测与计算

(1) 如图 1-2-19 所示,在 A 点安置经纬仪,量取仪器高 i,在 B 点竖立视距尺。

(2) 确定盘左(或盘右)位置,转动照准部,瞄准 B 点视距尺,分别读取上、下、中三丝读数,并算出尺间隔 l。

(3) 转动竖盘指标水准管微动螺旋,使竖盘指标水准管气泡居中,读取竖盘读数,并计算垂直角 α。

(4) 根据尺间隔 l、垂直角 α、仪器高 i 及中丝读数 ν,计算水平距离 D 和高差 h。

3. 光电测距

1）光电测距原理

前面介绍的测距方法中,钢尺量距的速度慢,而且在一些地区,如山地、沼泽地区使用起来比较困难,而视距测量的精度又太低,因此需要采用另外的方法进行距离测量。随着电子技术的发展,在 20 世纪 40 年代末人们发明了电磁波测距仪。所谓电磁波测距,是用电磁波(光波或微波)作为载波,传输测距信号,以测量两点间距离的一种方法。电磁波测距具有测程长、精度高、作业快、工作强度低、不受地形限制等优点。

如图 1-2-20 所示,已知光波的传播速度 c,测定光波在两点间的传播时间 t,以此计算两点间的距离,即

$$D = \frac{1}{2}ct \qquad (2\text{-}16)$$

由于采用测时的工作原理的不同,光电测距仪又可分为脉冲式测距仪和相位式测距仪两种。

2）脉冲式光电测距

脉冲式光电测距是指直接测定光脉冲在待测距离上往返的时间。测距仪将光波调制成一

图 1-2-20　光电测距

定频率的尖脉冲发送出去,在尖脉冲光波离开测距仪发射镜的瞬间,触发打开了电子门,此时时钟脉冲进入电子门填充,计数器开始计数。在测距仪接收镜接收到由反光棱镜反射回的尖脉冲光波的瞬间,电子门关闭,计数器停止计数。然后将计数器得到的时钟脉冲个数乘以每个时钟脉冲周期,就可以得到光脉冲往返的时间。一般的脉冲式测距仪主要用于远距离测距,标称精度可达±(3 mm＋3 ppm)。不过它并不是直接采用缩短时钟周期的方法来提高精度的,而是采用了其他的方法。

3)相位式光电测距

相位式光电测距是将发射的光波调制成正弦波的形式,通过测量正弦光波在待测距离上往返传播的相位移来计算距离的,也就是通过测量光波传播了多少个周期来计算距离。由于仪器的测相误差一般可达10^{-3},它对测距误差的影响将随测尺长度的增大而增大。因此,为了解决扩大测程与提高精度的矛盾,可以采用一组测尺共同测距。

由于短程光电测距仪测定的距离仅是倾斜距离的初步值,为求得水平距离,还需进行加常数、气象修正、倾斜修正。

子任务2　直线定向、坐标方位角及其推算

在测量中,常常需要知道两点间平面位置的相对关系。除了测定两点间的距离外,还需要确定两点所连直线的方向。

1. 直线定向

确定一条直线的方向称为直线定向。进行直线定向时,首先要选定一个标准方向,作为直线定向的依据。直线的方向也是确定地面点位置的基本要素之一,所以直线方向的测量也是基本的测量工作。要确定直线方向,首先要有一个共同的基本方向,此外要有一定的方法来确定直线与基本方向之间的角度关系。

1)直线定向的标准方向

测量中常采用真北方向、磁北方向、坐标纵轴北方向作为标准方向。

(1)真北方向。

过地球上某点的真子午线的切线北端所指示的方向,称为真北方向。真北方向可采用天文观测方法、陀螺经纬仪和GPS来测定。

（2）磁北方向。

磁针自由静止时其北端所指的方向，称为磁北方向。磁北方向可用罗盘来确定。

（3）坐标纵轴北方向。

坐标纵轴（x 轴）正向所指示的方向，称为坐标纵轴北方向。不同点的真子午线方向或磁子午线方向都是不平行的，这使得直线方向的计算很不方便。采用坐标纵轴北方向作为基本方向，这样各点的基本方向都是平行的，所以方向的计算就变得十分方便了。实际上常取与高斯平面直角坐标系的 x 轴平行的方向作为坐标纵轴北方向。

2）子午线收敛角和磁偏角

（1）子午线收敛角。

过一点的真北方向与坐标纵轴北方向之间的夹角称为该点的子午线收敛角，用符号 γ 表示。γ 正负号的规定为：当坐标纵轴方向的北端偏向真北方向以东时，γ 定为"＋"；当坐标纵轴方向的北端偏向真北方向以西时，γ 定为"－"。

（2）磁偏角。

由于地球的磁极与地球的南北两极并不一致，所以地面上同一点的磁北方向与真北方向不能一致，其夹角称为磁偏角，用符号 δ 表示。δ 正负号的规定为：磁北方向在真北方向以东时为东偏，δ 定为"＋"；磁北方向在真北方向以西时为西偏，δ 定为"－"。磁偏角的大小随地点、时间而异，在我国磁偏角的变化在＋6°（西北地区）到－10°（东北地区）之间。由于地球磁极的位置在不断地变动，以及磁针受局部吸引等的影响，所以磁子午线的方向不宜作为精确定向的基本方向。但由于用磁子午线定向方法简便，所以在独立的小区域测量工作中仍可采用。

3）方位角

由标准方向的北端起，沿顺时针方向度量至该直线的水平角称为该直线的方位角。方位角的取值范围为 0°～360°。

图 1-2-21　三种方位角之间的关系

要确定一条直线的方位角，首先要在直线的起点确定基本方向。如果以真北方向作为基本方向，那么得出的方位角称为真方位角，用 A 表示；如果以磁北方向作为基本方向，则得出的方位角称为磁方位角，用 A_m 表示；如果以坐标纵轴北方向作为基本方向，则得出的方位角称为坐标方位角，用 α 表示。

由于一点的真子午线方向与磁子午线方向之间的夹角是磁偏角 δ，真子午线方向与坐标纵轴北方向之间的夹角是子午线收敛角 γ，如图 1-2-21 所示，真方位角、磁方位角和坐标方位角之间有如下关系，即

$$\begin{cases} A = A_m + \delta \\ A = \alpha + \gamma \\ \alpha = A_m + \delta - \gamma \end{cases} \tag{2-17}$$

2. 坐标方位角及其推算

1）坐标方位角与象限角

坐标纵轴北方向顺时针转到直线所夹的水平角称为坐标方位角，其取值范围为 0°～360°。

直线与基本方向所构成的锐角称为该直线的象限角,用 R 表示。象限角的取值范围为 $0°\sim90°$。坐标方位角与象限角之间存在相互换算关系,如表 1-2-5 所示。

表 1-2-5　坐标方位角与象限角之间的换算

Δx	Δy	象　限	坐标方位角与象限角之间的关系
$+$	$+$	Ⅰ	$\alpha = R$
$-$	$+$	Ⅱ	$\alpha = 180° - R$
$-$	$-$	Ⅲ	$\alpha = 180° + R$
$+$	$-$	Ⅳ	$\alpha = 360° - R$

2)坐标方位角的推算

在控制网平差计算中,必须进行坐标方位角的推算和平面坐标的正、反算。

(1)正、反坐标方位角。

一条直线有正、反两个方向,在直线起点测得的直线方向称为直线的正方向,在直线终点测得的直线方向称为直线的反方向。例如,在图 1-2-22 中,直线由 P_1 点到 P_2 点,在起点 P_1 测得直线的方位角为 α_{12},表示直线 12 方向的坐标方位角,而在终点 P_2 测得直线的方位角为 α_{21},表示直线 21 方向的坐标方位角。α_{12} 和 α_{21} 互为正、反坐标方位角。若 α_{12} 为正方位角,则称 α_{21} 为反方位角。

图 1-2-22　正、反坐标方位角

由于在同一高斯平面直角坐标系内各点的坐标纵轴北方向总是平行的,所以一条直线的正、反坐标方位角相差 $180°$。同一直线的正、反坐标方位角的关系为

$$\alpha_{12} = \alpha_{21} \pm 180° \tag{2-18}$$

(2)坐标方位角的推算。

如图 1-2-23 所示,α_{12} 为起始方位角,β_2 转折角为右角,则 2—3 边的坐标方位角为

$$\alpha_{23} = \alpha_{12} + 180° - \beta_2 \tag{2-19}$$

由此可以得到用右角推算方位角的一般公式为

$$\alpha_{前} = \alpha_{后} + 180° - \beta_{右} \tag{2-20}$$

式中,$\alpha_{前}$ 为前一条边的方位角,$\alpha_{后}$ 为后一条边的方位角。

如图 1-2-24 所示,α_{12} 为起始方位角,β_2 转折角为左角,则 2—3 边的坐标方位角为

$$\alpha_{23} = \alpha_{12} + \beta_2 - 180° \tag{2-21}$$

图 1-2-23　坐标方位角的推算图 1

图 1-2-24　坐标方位角的推算图 2

观测角度为左角时,推算方位角的一般公式为

$$\alpha_{前} = \alpha_{后} + \beta_{左} - 180°$$ (2-22)

必须注意的是,推算出的方位角如大于 360°,则应减去 360°;如出现负值,则应加上 360°。

任务 3 测量基本工作之高程测量

测量高程常用的方法主要有 4 种。①水准测量是测定两点间高差的主要方法,也是最精密的方法,主要用于建立国家或地区的高程控制网,适用于地势较平坦地区,在建筑工程测量中应用广泛。②三角高程测量是确定两点间高差的简便方法,不受地形条件限制,传递高程迅速,但精度低于水准测量,也是全站仪的高程测量原理,其在建筑工程测量中应用广泛。③气压高程测量是根据大气压力随高度变化的规律,用气压计测定两点的气压差,从而推算出高程的方法,其精度较低,主要用于丘陵地区和山区的勘测工作。④GPS 高程测量。利用 GPS 求得的是地面点在 WGS-84 坐标系中的大地高,而我国的《中华人民共和国大地测量法式(草案)》规定,我国高程采用正常高。要想使 GPS 高程在工程实际中得到应用,必须实现 GPS 大地高向我国正在使用的正常高的转化。我国的黄海高程基准实际上是近似高程系统,这样的一个大地水准面模型,其相对精度是很低的,从而制约了 GPS 高程测量的精度。GPS 高程测量主要在精度要求不高的工程测量野外项目中有所应用。

子任务 1 水准测量原理、仪器的认识与使用

1. 水准测量原理

水准测量原理是借助水准仪提供的水平视线,配合水准尺测定地面上两点间的高差,然后

图 1-2-25 水准测量原理

根据已知点的高程来推求未知点的高程。例如,在图 1-2-25 中,为了求出 A、B 两点的高差 h_{AB},在 A、B 两点上竖立水准尺,在 A、B 两点之间安置可提供水平视线的水准仪。当视线水平时,在 A、B 两点的水准尺上分别读出读数 a 和 b,则 A、B 两点的高差等于两个水准尺读数之差,即

$$h_{AB} = a - b$$ (2-23)

如果 A 为已知高程的点,B 为待求高程的点,则 B 点的高程为

$$H_B = H_A + h_{AB}$$ (2-24)

读数 a 是已知高程点上的水准尺读数,称为后视读数;读数 b 是待求高程点上的水准尺读数,称为前视读数,高差必须是后视读数减去前视读数。高差 h_{AB} 的值可能是正,也可能是负,正值表示待求点 B 高于已知点 A,负值表示待求点 B 低于已知点 A。此外,高差的正负号又与测

量进行的方向有关。例如,在图 1-2-25 中,测量由 A 向 B 进行,高差用 h_{AB} 表示,其值为正;反之测量由 B 向 A 进行,高差用 h_{BA} 表示,其值为负。所以在说明高差时必须标明高差的正负号,同时要说明测量进行的方向。

2. 未知点高程的计算

1) 高差法

在图 1-2-25 中,B 点(未知点)的高程等于 A 点(已知点)的高程加上两点间的高差,即

$$H_B = H_A + h_{AB} = H_A + (a - b) \tag{2-25}$$

这就是用高差来计算未知点高程的公式。式中,$a-b$ 为两点之间的高差。

2) 视线法

由图 1-2-25 可知,A 点高程加后视读数等于仪器视线高程,设仪器视线高程为 H_i,即 $H_i = H_A + a$,则 B 点高程等于仪器视线高程减去前视读数,即

$$H_B = H_i - b = H_A + a - b \tag{2-26}$$

这就是用仪器视线高程来计算未知点高程的公式。式中,$H_A + a$ 为仪器视线高程。

3. 水准测量方法

当两点相距较远或高差太大时,可分段连续进行测量。由图 1-2-26 可知,A、B 两点间的高差为

$$h_1 = a_1 - b_1$$
$$h_2 = a_2 - b_2$$
$$\vdots$$
$$h_n = a_n - b_n$$
$$h_{AB} = \sum h = \sum a - \sum b$$

即两点间的高差等于各段高差的代数和,也等于后视读数之和减去前视读数之和。同时用 $\sum h$ 和 $\sum a - \sum b$ 进行计算,可检核结果是否有误。在图 1-2-26 中,安置仪器的点 Ⅰ,Ⅱ,… 称为测站,立标尺的点 1,2,… 称为转点,它们在前一测站先作为前视点,然后在下一测站再作为后视点,转点起传递高程的作用。

图 1-2-26 水准测量方法

4. 水准仪

目前常用的水准仪从构造上可分为两大类:一类是利用水准管来获得水平视线的水准管水准仪,主要称为微倾式水准仪;另一类是利用自动补偿器来获得水平视线的自动安平水准仪。此外还有一些新型的水准仪,如电子水准仪、激光水准仪等,它们使测量变得更加方便、快捷。

我国的水准仪一般有 DS_{05}、DS_1、DS_3 和 DS_{10} 几个等级,D 是大地测量仪器的代号,S 是水准仪的代号,下标的数字表示仪器的精度。其中,DS_{05} 和 DS_1 属于精密水准仪,DS_3 属于一般水准仪,DS_{10} 则用于简易水准测量。

1) DS_3 型微倾式水准仪

DS_3 型微倾式水准仪如图 1-2-27 所示,它由三个主要部分组成:望远镜——可以提供视线,并可读出远处水准尺上的读数;水准器——用于指示仪器或视线是否处于水平位置;基座——用于置平仪器,它支承仪器的上部并能使仪器的上部在水平方向转动。水准仪上的十字丝分划板如图 1-2-28 所示,水准测量中用它中间的横丝或楔形丝读取水准尺上的读数。十字丝交点和物镜光心的连线称为视准轴,也就是视线。视准轴是水准仪的主要轴线之一。

图 1-2-27　DS_3 型微倾式水准仪

1—物镜;2—目镜;3—调焦螺旋;4—管水准器;5—圆水准器;6—脚螺旋;7—制动螺旋;8—微动螺旋;9—微倾螺旋;10—基座

水准器是用以置平仪器、建立水平视线的重要部件,分为管水准器和圆水准器两种。

管水准器又称水准管,它是一个封闭的玻璃管,管的内壁在纵向磨成圆弧形,管内留有一气泡,如图 1-2-29 所示。管面上刻有间隔为 2 mm 的分划线,分划线的中点称为水准管的零点。过零点与管内壁在纵向相切的直线称为水准管轴。气泡居中时水准管轴位于水平位置,视线应水平。水准管上的一格(2 mm)所对应的圆心角称为水准管的分划值。当气泡居中时,两端气泡的像就能重合。故这种水准器称为符合水准器,它是微倾式水准仪上普遍采用的水准器。

图 1-2-28　十字丝分划板

图 1-2-29　管水准器

圆水准器是一个封闭的圆形玻璃容器,留有一小圆气泡。容器顶盖中央刻有一个小圈,小圈的中心是圆水准器的零点。当圆水准器的气泡居中时,圆水准器的轴位于铅垂位置。

2) 水准尺和尺垫

水准尺由优质木材或铝合金制成,最常用的水准尺有直尺、塔尺和折尺三种,如图1-2-30所示。塔尺和折尺多用于普通水准测量,塔尺能伸缩且携带方便,但接合处容易产生误差。水准尺尺面绘有1 cm或5 mm黑白相间的分格,米和分米处标注有数字。双面尺是一面为黑白相间刻度,另一面为红白相间刻度的直尺,每两根为一对。两根的黑面都以尺底为零,而红面常用的尺底刻度分别为4.687 m和4.787 m。

尺垫是用于转点上的一种工具,由钢板或铸铁制成,如图1-2-31所示。使用时把三个尖脚踩入土中,把水准尺立在突出的圆顶上。尺垫可使转点稳固,防止平移和下沉。

(a) (b) (c)

图1-2-30 水准尺

图1-2-31 尺垫

5. 微倾式水准仪的操作步骤

微倾式水准仪的操作步骤是安置水准仪、粗略整平水准仪、瞄准目标、精确整平水准仪及读数。

1) 安置水准仪

首先打开三脚架,安置三脚架,要求高度适中,架头大致水平并牢固稳妥。若在山坡上,应使三脚架的两脚在坡下,一脚在坡上。然后把水准仪用中心连接螺旋连接到三脚架上。取水准仪时必须握住水准仪的坚固部位,并确认水准仪已牢固地连接在三脚架上后才可放手。

2) 粗略整平水准仪

水准仪的粗略整平是用脚螺旋使圆水准器气泡居中。先用任意两个脚螺旋使气泡移动到通过圆水准器零点并垂直于这两个脚螺旋连线的方向上,例如在图1-2-32中,气泡自a点移到b点,如此可使水准仪在这两个脚螺旋连线的方向处于水平位置。然后用第三个脚螺旋使气泡居中,让原来的两个脚螺旋连线的垂线方向也处于水平位置,从而使整个水准仪置平。若气泡仍有偏离,可重复进行上述操作。操作时注意以下两点:一是先旋转其中的两个脚螺旋(反方向),然后只旋转第三个脚螺旋;二是气泡移动的方向

图1-2-32 粗略整平水准仪

始终和左手大拇指移动的方向一致。

3）瞄准目标

用望远镜瞄准目标时，必须先调节目镜，使十字丝清晰，然后利用望远镜上的准星从外部瞄准水准尺，再旋转调焦螺旋，使尺像清晰，也就是使尺像落到十字丝平面上，这两步不可颠倒，最后用微动螺旋使十字丝竖丝瞄准水准尺。为了便于读数，也可使尺像稍偏离竖丝一些。当瞄准不同距离处的水准尺时，需重新调节调焦螺旋，才能使尺像清晰，但十字丝可不必再调。

瞄准目标时必须要消除视差。观测时把眼睛稍作上下移动，如果尺像与十字丝有相对移动的现象，且读数有改变，则表示有视差存在。存在视差时读数会不准确。消除视差的方法是调节目镜调焦螺旋和物镜调焦螺旋，直至十字丝和尺像都清晰，不再出现尺像和十字丝有相对移动为止。

4）精确整平水准仪

由于圆水准器的灵敏度较低，所以用圆水准器只能使水准仪粗略整平。因此，在每次读数前还必须用微倾螺旋使水准管气泡影像重合，从而使视线精确整平。由于微倾螺旋旋转时会改变望远镜和竖轴的关系，当望远镜由一个方向转变到另一个方向时，水准管气泡影像一般不再重合。所以望远镜每次改变方向后，也就是在每次读数前，都需要用微倾螺旋重新使气泡影像重合。

5）读数

每个读数应有四位数，从尺上可读出米、分米和厘米数，然后估读出毫米数，零不可省略，如 1.020 m、0.027 m 等。读数前应先认清水准尺的分划，熟悉水准尺的读数。为得出正确读数，在读数前后都应该检查水准管气泡影像是否仍然重合。

子任务 2　普通水准测量的实施与成果计算

1. 水准点

在水准测量中，已知高程控制点和待定高程控制点都称为水准点，记为 BM。水准点有永久性和临时性两种。国家级永久性水准点如图 1-2-33(a)所示，一般由石料或混凝土制成，埋到地面冻土以下，顶面镶嵌不易锈蚀的材料，制成半球形标志。也可以用金属标志，埋设于稳固的建筑物墙脚上，这类水准点称为墙上水准点。等级较低的永久性水准点，其制作和埋设均可简单些，如图 1-2-33(b)所示。临时性水准点可利用地面上突出的稳定的坚硬岩石、门廊台阶角等，用红色油漆标记；也可用木桩、钢钉等打入地面，并在桩顶标记点位，如图 1-2-33(c)所示。水准点埋设后，应绘出水准点点位与周边明显地物的关系图、编号等，称为点之记，以便日后寻找。

2. 水准路线

在水准点间进行水准测量所经过的路线，称为水准路线。相邻两水准点间的路线称为测段。为了便于对水准路线成果的正确性进行检核，一般水准路线的布设形式主要有以下三种。

1）附合水准路线

水准测量从一个已知高程的水准点开始，结束于另一个已知高程的水准点，这种路线称为

图 1-2-33　各类水准点

附合水准路线,如图 1-2-34(a)所示。对于附合水准路线,理论上在两个已知高程的水准点间测得的各测站高差之和应等于起止两水准点间高程之差。如果它们不相等,其差值称为高差闭合差,用 f_h 表示。所以附合水准路线的高差闭合差为

$$f_h = \sum h - (H_{终} - H_{起}) \tag{2-27}$$

2) 闭合水准路线

水准测量从一个已知高程的水准点开始,最后又闭合到这个水准点上,这种路线称为闭合水准路线,如图 1-2-34(b) 所示。因为起闭于同一个点,所以理论上全线各测站高差之和应等于零。如果高差之和不等于零,则其差值,即 $\sum h$ 就是闭合水准路线的高差闭合差,即

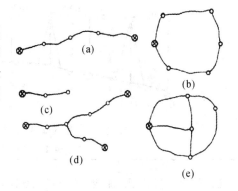

$$f_h = \sum h \tag{2-28}$$

3) 支水准路线

支水准路线是由一个已知高程的水准点开始,最后既不附合也不闭合到已知高程的水准点上的一种

图 1-2-34　水准路线布设形式

水准路线,如图 1-2-34(c)所示。支水准路线必须在起终点间用往、返测进行检核。理论上往、返测所得高差的绝对值应相等,但符号相反,或者是往、返测所得高差的代数和应等于零。如果往、返测所得高差的代数和不等于零,其值即为支水准路线的高差闭合差,即

$$f_h = \sum h_{往} + \sum h_{返} \tag{2-29}$$

有时也可以用两组并测来代替一组的往、返测,以加快工作进度。两组所得高差应相等,若不相等,其差值即为支水准路线的高差闭合差,即

$$f_h = \sum h_1 - \sum h_2 \tag{2-30}$$

4) 水准网

当几条附合水准路线或闭合水准路线连接在一起时,就形成了水准网,如图 1-2-34(d)、图 1-2-34(e)所示。水准网可使检核成果的条件增多,从而提高成果的精度。

3. 普通(等外)水准路线的施测

水准路线的施测工作包括水准路线的设计、水准点标石的埋设、水准测量外业观测和水准

测量内业处理。

1）等外水准路线测量外业观测

等外水准路线测量的施测方法如图 1-2-35 所示,图中 A 为已知高程的点,B、C 为待求高程的点。首先在已知高程的起始点 A 处竖立水准尺,若 AB 间存在距离较远或不通视等情况,可在测量前进方向距 A 点不超过 200 m 处设立第一个转点 Z_1,必要时放置尺垫,并竖立水准尺。在离这两点等距离处 I 安置水准仪。粗略整平水准仪后,先瞄准起始点 A 处的水准尺,用微倾螺旋使管水准器气泡影像重合后,读取 A 点的后视读数,然后瞄准转点 Z_1 处的水准尺,待管水准器气泡影像重合后读取 Z_1 点的前视读数,将后、前视读数均记入表 1-2-6 中,并计算出这两点间的高差。此后保持转点 Z_1 处的水准尺不动,仅把尺面转向前进方向。在 A 点的水准尺竖立在转点 Z_2 处,I 点的水准仪迁至与 Z_1、Z_2 两转点等距离的 II 处。按第 I 站同样的步骤和方法读取后视读数和前视读数,并计算出高差。如此继续进行,直到待求高程点 B。B 点至 C 点可同样测得。

图 1-2-35　等外水准路线测量的施测方法

表 1-2-6　普通水准路线测量观测手簿

测　站	测　点	后视读数/m	前视读数/m	高差/m		高程/m	备　　注
				+	−		
I	A	2.073		0.547		50.118	A 点高
	Z_1		1.526				程已知
II	Z_1	1.624		0.217			
	Z_2		1.407				
III	Z_2	1.678		0.286			
	B		1.392			51.168	
∑		5.375	4.325	1.050			
计算检核		$\sum a - \sum b = 1.050$ m　　$\sum h = 1.050$ m　　$H_B - H_A = 1.050$ m					

2）水准路线测量成果的检核

为了保证水准路线测量成果正确可靠,必须对水准路线测量的成果进行检核。

（1）计算检核。

在每一测段结束后必须进行计算检核,检查后视读数之和与前视读数之和的差（$\sum a -$ $\sum b$）是否等于各站高差之和（$\sum h$）。如不相等,则计算必有错误,应进行检查。但这种检核只能检查计算工作有无错误,而不能检查出测量过程中所产生的错误（如读错、记错）。

（2）测站检核。

为防止在一个测站上所测高差发生错误，可在每个测站上对观测结果进行检核，方法如下。

两次仪器高法：在每个测站上一次测得两转点间的高差后，改变一下水准仪的高度，再次测量两转点间的高差。对于一般水准测量，当两次所得高差之差小于5 mm时可认为合格，取其平均值作为该测站所得高差，否则应进行检查或重测。

双面尺法：利用双面水准尺分别由黑面和红面读数测出高差，扣除一对水准尺的常数差后，两个高差之差应符合限差，否则应进行检查或重测。

（3）路线检核。

在各种不同等级路线的水准测量中，都规定了高差闭合差的限值，即容许高差闭合差，用$f_{h容}$表示。一般等外水准路线测量的容许高差闭合差为

平地：
$$f_{h容} = \pm 40\sqrt{L}\,(\text{mm})$$
$$\tag{2-31}$$
山地：
$$f_{h容} = \pm 12\sqrt{n}\,(\text{mm})$$

式中：L为附合水准路线或闭合水准路线的长度，在水准支线上，L为测段长度，以km为单位；n为测站数。

当实际高差闭合差小于容许高差闭合差时，表示观测精度满足要求，否则应对外业资料进行检查，必要时返工重测。

4. 普通水准路线测量成果的平差计算

1）计算步骤

（1）高差闭合差的计算。

检查外业观测手簿无误后，画出路线草图，标注各测段观测的高差值，根据路线布设形式计算实际闭合差，且应满足$f_h \leqslant f_{h容}$。

（2）高差闭合差的调整。

当实际高差闭合差f_h小于容许高差闭合差时，可以按简易平差法将高差闭合差分配到各测段上。分配的原则是把高差闭合差反号，根据各测段路线的长度或测站数，按正比例将其分配到各测段上，故各测段修正数的计算公式为

$$\nu_i = -\frac{f_h}{\sum L}L_i$$

或

$$\nu_i = -\frac{f_h}{\sum n}n_i \tag{2-32}$$

式中，L_i和n_i分别为各测段路线长和测站数，$\sum L$和$\sum n$分别为水准路线总长和测站总数。

（3）待定点高程的计算。

根据已知点高程和各测段修正后的高差，依次推算出各待定点的高程。通常计算完毕后，再次检查水准路线的高差闭合差，其值应为零，否则应检查各项计算是否有误。

2）附合水准路线测量成果计算示例

图1-2-36所示为某一附合水准路线简图，A和B为已知高程的水准点，1、2、3、4为高程待定的水准点，已知点的高程、各点间的路线长度及高差观测值都标注于图中，试计算各待定水准点的高程。

图 1-2-36 附合水准路线测量

(1) 将观测数据和已知数据填入表格中。

将图 1-2-36 中标注的数据填入表 1-2-7 中的相关栏内。

表 1-2-7 附合水准路线测量成果

测　站	距离/km	测段观测高差/m	高差修正值/mm	修正后的高差/m	高程/m
A					36.444
	1.8	+16.310	−7	+16.303	
1					52.747
	2.0	+13.133	−8	+13.125	
2					65.872
	1.4	+9.871	−6	+9.865	
3					75.737
	2.6	−3.112	−10	−3.122	
4					72.615
	1.2	+13.387	−5	+13.382	
B					85.997
Σ	9.0	+49.589	−36	+49.553	

(2) 计算高差闭合差。

根据式(2-27)计算此附合水准路线的高差闭合差,即

$$f_h = \sum h - (H_{终} - H_{始}) = [49.589 - (85.997 - 36.444)] \text{ m} = 0.036 \text{ m}$$

(3) 计算容许高差闭合差。

此附合水准路线的容许高差闭合差 $f_{h容}$ 可按下式计算,即

$$f_{h容} = \pm 40\sqrt{L} = \pm 40\sqrt{9} \text{ mm} = \pm 120 \text{ mm}$$

因为 $f_h \leqslant f_{h容}$,其精度符合要求,所以观测成果合格,可继续进行下一步。

(4) 调整高差闭合差。

高差闭合差的调整按与距离成正比例、反符号分配的原则进行。本例中,附合水准路线的长度 $L = 9.0$ km,故每千米的修正数为

$$-\frac{f_h}{L} = -\frac{36}{9} = -4$$

则第一测段至第五测段的高差修正数(保留至 mm 位)分别为

$$\nu_1 = -4 \times 1.8 \text{ mm} = -7 \text{ mm}$$
$$\nu_2 = -4 \times 2.0 \text{ mm} = -8 \text{ mm}$$
$$\nu_3 = -4 \times 1.4 \text{ mm} = -6 \text{ mm}$$
$$\nu_4 = -4 \times 2.6 \text{ mm} = -10 \text{ mm}$$
$$\nu_5 = -4 \times 1.2 \text{ mm} = -5 \text{ mm}$$

把高差修正数填入相应栏中,高差修正数总和应与高差闭合差大小相等、符号相反,以此作为计算检核。

（5）计算修正后的高差。

各段实测高差加上相应的高差修正数,即得修正后的高差,填入相应栏内。修正后的高差的代数和应等于零,以此作为计算检核。

（6）计算待定点的高程。

由 A 点的已知高程开始,根据修正后的高差,逐点推算 1、2、3、4 点的高程。算出这四点的高程后,应再推算出 B 点的高程,所推算的高程应等于已知的 B 点高程。如不等,则说明推算有误。

3）闭合水准路线成果处理

图 1-2-37 所示为某闭合水准路线简图,A 点为已知高程水准点,A 点和待定高程点 1、2、3 组成一闭合水准路线,各测段高差及测站数如图所示,试计算各待定水准点的高程。

（1）将观测数据和已知数据填入表格中。

将图 1-2-37 中标注的数据填入表 1-2-8 中的相应栏内。

图 1-2-37　闭合水准路线测量

表 1-2-8　闭合水准路线测量成果

测　站	测站数	高　差			高　程	备　注
		观测值/m	高差修正数/mm	修正后的高差/m		
A					40.238	
	12	1.428	−16	1.412		
1					41.650	
	14	−2.346	−19	−2.365		
2					39.285	
	10	2.487	−13	2.474		
3					41.759	
	9	−1.509	−12	−1.521		
A					40.238	
Σ	45	+0.060	−60	0.000		

（2）计算高差闭合差。

根据式（2-27）计算此闭合水准路线的高差闭合差，即

$$f_h = \sum h = +0.060 \text{ m}$$

（3）计算容许高差闭合差。

此闭合水准路线的容许高差闭合差 $f_{h容}$ 可按下式计算，即

$$f_{h容} = \pm 12\sqrt{n} = \pm 12\sqrt{45} \text{ mm} = \pm 80 \text{ mm}$$

因为 $f_h < f_{h容}$，其精度符合要求，所以观测成果合格，可继续进行下一步。

（4）调整高差闭合差。

在整条水准路线上，由于各测站的观测条件基本相同，所以可认为各测站产生误差的概率也是相同的，故高差闭合差的调整按与测站数（或距离）成正比例、反符号分配的原则进行。本例中，测站数 $n = 45$，故每一站的修正数为

$$-\frac{f_h}{n} = -\frac{60}{45} = -\frac{4}{3}$$

则第一测段至第四测段的高差修正数分别为

$$\nu_1 = -\frac{4}{3} \times 12 \text{ mm} = -16 \text{ mm}$$

$$\nu_2 = -\frac{4}{3} \times 14 \text{ mm} = -19 \text{ mm}$$

$$\nu_3 = -\frac{4}{3} \times 10 \text{ mm} = -13 \text{ mm}$$

$$\nu_4 = -\frac{4}{3} \times 9 \text{ mm} = -12 \text{ mm}$$

把高差修正数填入相应栏中，高差修正数总和应与高差闭合差大小相等、符号相反，以此作为计算检核。

（5）计算修正后的高差。

各段实测高差加上相应的高差修正数，即得修正后的高差，填入相应栏内。修正后的高差的代数和应等于零，以此作为计算检核。

（6）计算待定点的高程。

由 A 点的已知高程开始，根据修正后的高差，逐点推算 1、2、3 点的高程。算出 3 点的高程后，应再推算回 A 点，所推算的高程应等于已知的 A 点高程。如不等，则说明推算有误。

5. 水准测量误差及注意事项

1）水准测量误差分析

水准测量误差的来源主要包括仪器误差、观测误差和外界条件影响三个方面。水准测量时，应充分考虑误差产生的原因，采取相应的措施减弱或消除误差的影响。

（1）仪器误差。

残余误差：由于仪器校正不完善，仪器校正后仍存在部分余留误差，如视准轴与水准管轴不平行引起的误差、调焦引起的误差，观测时可保持前视和后视的距离相等，以此消除这些误差。

水准尺的误差：包括分划误差和构造上的误差，构造上的误差有零点误差和接头误差。另

外,受其他因素的影响而造成的尺长变化、弯曲、零点磨损等,都会影响水准测量的成果。所以使用水准尺前,应对水准尺进行检验。

(2) 观测误差。

气泡居中误差:视线水平是以气泡居中或重合为根据的,气泡的居中或重合用眼睛来判断,因此也会存在判断误差。气泡居中的精度主要取决于水准管的分划值。为了减小气泡居中误差的影响,应对视线长加以限制,观测时应使气泡精确地居中或重合。

水准尺的估读误差:水准尺上的毫米数都是估读的,估读误差与望远镜的放大率及视线的长度有关。在各种等级的水准测量中,对望远镜的放大率和视线长的限制都有一定的要求。此外,在观测时还应注意消除视差,并避免在成像不清晰时进行读数。

水准尺不直的误差:水准尺没有立直,无论向哪一侧倾斜,都会使读数偏大。这种误差随水准尺的倾斜角和读数的增大而增大。例如,尺有 3° 的倾斜,读数超过 1 m 时,可产生 2 mm 的误差。为使水准尺能立直,水准尺上最好装有水准器。

(3) 外界条件影响。

仪器下沉:在读取后视读数和前视读数期间,若仪器下沉了 Δ,由于前视读数减少了 Δ,因此高差增大了 Δ。在松软的土地上,每个测站都可能产生这种误差。当采用双面尺或两次仪器高时,第二次观测时可先读前视点读数,然后读后视点读数,即按"后前前后"的顺序读数,取两次高差的平均值,可消除一部分仪器下沉的误差。采用往测和返测时,同样也可消除部分仪器下沉的误差。

水准尺(尺垫)下沉:在仪器从一个测站迁到下一个测站的过程中,若立尺的转点下沉了,则会使下一个测站的后视读数偏大,使得高差也增大。在同样的情况下返测,则会使高差的绝对值减小。所以取往、返测高差的平均值,可以减小水准尺下沉的影响。当然,在进行水准测量时,应选择坚实的地点安置仪器和设置转点,转点处需垫上尺垫并踩实,以避免仪器和水准尺下沉。

地球曲率引起的误差:理论上水准测量应根据水准面来求出两点间的高差,但视准轴是一直线,因此读数中会含有由地球曲率引起的误差 p,即

$$p = \frac{s^2}{2R} \tag{2-33}$$

式中,s 为视线长,R 为地球半径。

大气折光引起的误差:水平视线经过密度不同的空气层后被折射,一般情况下形成向下弯曲的曲线,它与理论水平线的读数之差,就是由大气折光引起的误差 γ。实验得出,大气折光引起的误差比地球曲率引起的误差要小,是地球曲率引起的误差的 K 倍,在一般大气情况下,$K = 1/7$,故有

$$r = K \frac{s^2}{2R} = \frac{s^2}{14R} \tag{2-34}$$

所以,水平视线在水准尺上的实际读数为 b',它与按水准面得出的读数 b 之差,就是地球曲率和大气折光总的影响值 f,故有

$$f = p - r = 0.43 \frac{s^2}{R} \tag{2-35}$$

当前视、后视距离相等时,这种误差在计算高差时可自行消除。但是靠近地面的大气折光变化十分复杂,即使保持前视、后视距离相等,大气折光引起的误差也不能完全消除。由于 f 值与视线长的平方成正比,所以限制视线长可以使这种误差大为减小。此外,使视线离地面尽可

能高一些,也可减小折光变化的影响。

自然环境的影响:除了上述各种误差来源外,自然环境的影响也会带来误差。如风吹、日晒、温度的变化和地面水分的蒸发等,会引起仪器状态变化、视线跳动等。所以观测时应注意自然环境带来的影响。为了防止日光暴晒,仪器应撑伞保护。无风的阴天是最理想的观测天气。

2)水准测量注意事项

水准测量应根据测量规范的要求进行,以减小误差和防止错误发生。另外,在水准测量过程中,还应注意以下事项:

(1)水准仪和水准尺必须经过检验和校正后才能使用。

(2)水准仪应安置在坚固的地面上,并尽可能使前视、后视距离相等,观测时手不能放在仪器或三脚架上。

(3)水准尺要立直,尺垫要踩实。

(4)读数前要消除视差,并使气泡严格居中,读数要准确、快速,不可读错。

(5)记录要及时、规范、清楚。记录前要复诵观测者报出的读数,确认无误后方可记入观测手簿中。

(6)不得涂改或用橡皮擦掉外业数据。观测时若所记录的数据不能按要求更改,要用斜线划去,另起行重记。

(7)测站上观测以及记录、计算完成后要检核,发现错误或超出限差要立即重测。

(8)注意保护测量仪器和工具,装箱时脚螺旋、微倾螺旋和微动螺旋要在中间位置。

6. 微倾式水准仪的检验与校正

仪器在经过运输或长期使用后,其各轴线之间的关系会发生变化。为保证测量工作能得出正确的成果,要定期对仪器进行检验和校正。

1)微倾式水准仪应满足的条件

微倾式水准仪的主要轴线包括视准轴、竖轴、水准管轴和圆水准器轴,它们之间应满足的几何条件是:

(1)圆水准器轴应平行于仪器的竖轴;

(2)十字丝的横丝应垂直于仪器的竖轴;

(3)视准轴应平行于水准管轴。

2)微倾式水准仪的检校

(1)圆水准器轴平行于仪器竖轴的检验与校正。

检验:旋转脚螺旋,使圆水准器气泡居中,然后将水准仪上部沿水平方向绕竖轴旋转180°,若气泡仍居中,则表示圆水准器轴已平行于竖轴,若气泡偏离中央,则需进行校正。

校正:用脚螺旋使气泡向中央方向移动偏离量的一半,然后拨动圆水准器的校正螺丝,使气泡居中。

上述检验与校正需反复进行,直至水准仪上部旋转到任何位置时气泡都能居中为止,然后拧紧螺丝。当校正某个螺丝时,必须先旋松后拧紧,以免破坏螺丝。校正完毕后,必须使校正螺丝处于旋紧状态。

（2）十字丝的横丝垂直于仪器竖轴的检验和校正。

检验：距墙面 10～20 m 处安置水准仪，先用横丝的一端瞄准墙上一固定、清晰的目标点或在水准尺上读一个数，然后调节微动螺旋，转动望远镜，用横丝的另一端观测同一目标或读数。如果目标仍在横丝上或水准尺上的读数不变，说明横丝已与竖轴垂直；如果目标点偏离了横丝或水准尺上的读数有变化，则说明横丝与竖轴没有垂直，应予以校正。

校正：打开十字丝分划板的护罩，可看到三个或四个分划板的固定螺丝，松开这些固定螺丝，用手转动十字丝分划板座，使横丝的两端都能与目标重合或使横丝两端所得水准尺读数相同，则校正完成，最后旋紧所有固定螺丝。此项校正也需反复进行。

（3）视准轴平行于水准管轴的检验和校正。

检验：在平坦的地面上选定相距 40～60 m 的 A、B 两点，水准仪首先置于离 A、B 等距的 I 点，测得 A、B 两点间的高差，如图 1-2-38（a）所示，重复测量两到三次，当所得各高差之差不大于 3 mm 时，取其平均值 h_I。若视准轴与水准管轴不平行而存在 i 角误差（两轴的夹角在竖直面的投影），由于水准仪至 A、B 两点的距离相等，因视准轴倾斜而使前视、后视读数产生的误差 δ 也相等，因此所得 h_I 是 A、B 两点间的正确高差。然后把水准仪移到 AB 延长线方向靠近 B 点的 II 点，再次测量 A、B 两点间的高差，如图 1-2-38（b）所示。由于水准仪距离 B 点很近，S' 可忽略，因视准轴与水准管轴不平行而造成的 B 点处水准尺上的读数 b_2 的误差也可忽略不计。由图 1-2-38（b）可知，此时 A 点处水准尺上的读数为 a_2，而正确的读数应为

$$a_2{'} = b_2 + h_I$$

(a)　　　　　　　　　　　　　　(b)

图 1-2-38　视准轴平行于水准管轴的检验

此时可计算出 i 角为

$$i = \frac{a_2 - a_2{'}}{S}\rho'' = \frac{a_2 - b_2 - h_I}{S}\rho'' \tag{2-36}$$

式中，S 为 A、B 两点间的距离。对于 DS_3 型水准仪，当前后视距差未做具体限制时，一般规定在 100 m 的水准尺上的读数误差不超过 4 mm，即 a_2 与 $a_2{'}$ 的差值超过 4 mm 时应校正。当前后视距差有较严格的限制时，一般规定 i 角不得大于 20″，否则应进行校正。

校正：为了使水准管轴和视准轴平行，转动微倾螺旋，使 A 点的水准尺上的读数 a_2 改变到正确读数 $a_2{'}$。此时视准轴由倾斜位置改变到水平位置，但水准管也会随之变动而使气泡影像不再重合。用校正针拨动水准管一端的校正螺丝，使气泡影像重合，则水准管轴也处于水平位置，从而使水准管轴平行于视准轴。水准管的校正螺丝如图 1-2-39 所示，校正时先放松左、右两个校正螺丝，然后拨动上、下两

图 1-2-39　水准管的校正螺丝

个校正螺丝,使气泡影像重合。拨动上、下校正螺丝时,应先将一个校正螺丝放松再旋紧,另一个逐渐改正,当最后校正完毕后,所有校正螺丝都应适度旋紧。检验和校正也需要反复进行,直到满足要求为止。

子任务3 三、四等水准测量

1. 三、四等水准测量的要求

在地形测图和施工测量中,多采用三、四等水准测量作为首级高程控制。三、四等水准测量一般用于国家高层控制网的加密,在城市建设中用于建立小地区首级高程控制网,以及工程建设场区内的工程测量和变形观测的基本高程控制,地形测量时再用图根水准测量或三角高程测量进行加密。三、四等水准点的高程应从附近的一、二等水准点引测,布设成附合或闭合水准路线,其水准点位应选在土质坚硬、便于长期保存和使用的地方,并应埋设水准标石,亦可利用埋石的平面控制点作为水准高程控制点。为了便于寻找,水准点应绘制点之记。《工程测量规范》(GB 50026—2007)对三、四等水准测量的主要技术要求如表 1-2-9 所示,《城市测量规范》(CJJ/T 8—2011)的规定略有不同。

表 1-2-9 三、四等水准测量的主要技术要求

等级	视线长度/m	前后视距差/m	前后累积视距差/m	黑、红面分划读数差/mm	黑、红面所测高差之差/mm	路线闭合差/mm
三等	≤65	≤3	≤5	≤2	≤3	$\pm 12\sqrt{L}$
四等	≤80	≤5	≤10	≤3	≤5	$\pm 20\sqrt{L}$

2. 四等水准一测站观测步骤

(1) 在测站上安置水准仪,使圆水准器气泡居中;后视水准尺黑面,用上、下视距丝读数,并记入表 1-2-10 中的(1)(2)位置;转动微倾螺旋,使符合水准器气泡居中,用中丝读数,记入表 1-2-10 中的(3)位置。

(2) 前视水准尺黑面,用上、下视距丝读数,并记入表 1-2-10 中的(4)(5)位置;转动微倾螺旋,使符合水准器气泡居中,用中丝读数,记入表 1-2-10 中的(6)位置。

(3) 前视水准尺红面,旋转微倾螺旋,使管水准器气泡居中,用中丝读数,记入表 1-2-10 中的(7)位置。

(4) 后视水准尺红面,转动微倾螺旋,使符合水准器气泡居中,用中丝读数,记入表 1-2-10 中的(8)位置。以上(1)(2)……(8)表示观测与记录的顺序,如表 1-2-10 所示。

这样的观测顺序称为"后、前、前、后",其优点是可以大大减小仪器下沉等引起的误差的影响。对于四等水准测量,每个测站的观测顺序可为"后、后、前、前"。

3. 四等水准数据每测站计算与检核

1) 视距的计算与检核

根据后视、前视的上、下视距丝读数计算后视、前视的视距(9)和(10):

后视的视距： $\qquad$ (9)=(1)-(2)

前视的视距： $\qquad$ (10)=(4)-(5)

表 1-2-10 三、四等水准测量记录表

测站编号	点号	后尺 上丝 / 下丝 后视距 视距差		后尺 上丝 / 下丝 前视距 累积差 $\sum d$		方向及尺号	水准尺读数		$(K+黑-红)$ /mm	平均高差 /m
							黑面	红面		
		(1)		(4)		后尺	(3)	(8)	(14)	
		(2)		(5)		前尺	(6)	(7)	(13)	
		(9)		(10)		后—前	(15)	(16)	(17)	(18)
		(11)		(12)						
1	BM2 ｜ TP1	1426		0801		后 106	1211	5998	0	
		0995		0371		前 107	0586	5273	0	
		43.1		43.0		后—前	+0.625	+0.725	0	+0.625 0
		+0.1		+0.1						
2	TP1 ｜ TP2	1812		0570		后 107	1554	6241	0	
		1296		0052		前 106	0311	5097	+1	
		51.6		51.8		后—前	+1.243	+1.144	−1	+1.243 5
		−0.2		−0.1						
3	TP2 ｜ TP3	0889		1713		后 106	0698	5486	−1	
		0507		1333		前 107	1523	6210	0	
		38.2		38.0		后—前	−0.825	−0.724	−1	−0.824 5
		+0.2		+0.1						
4	TP3 ｜ BM1	1891		0758		后 107	1708	6395	0	
		1525		0390		前 106	0574	5361	0	
		36.6		36.8		后—前	+1.134	+1.034	0	+1.134 0
		−0.2		−0.1						
检核计算	$\sum(9)=169.5$ $\sum(10)=169.6$ $\sum(9)-\sum(10)=-0.1$ $\sum(9)+\sum(10)=339.1$					$\sum(3)=5.171$ $\sum(6)=2.994$ $\sum(15)=2.177$ $\sum(15)+\sum(16)=4.356$		$\sum(8)=24.120$ $\sum(7)=21.941$ $\sum(16)=2.179$ $2\sum(18)=4.356$		

计算前后视距差(11)，即(11)=(9)-(10)。对于三等水准测量，(11)不得超过 3 m；对于四等水准测量，(11) 不得超过 5 m。

计算前后视距累积差(12)，即(12)=上站(12)+本站(11)。对于三等水准测量，(12)不得超过 6 m；对于四等水准测量，(12)不得超过 10 m。

2) 同一水准尺红、黑面中丝读数的检核

k 为双面水准尺的红面分划与黑面分划的零点差,配套使用的两把水准尺,k 为 4687 或 4787。同一把水准尺,其红、黑面中丝读数差按下式计算,即

$$(13) = (6) + k - (7) \qquad (14) = (3) + k - (8)$$

(13)(14)的大小,对于三等水准测量,不得超过 2 mm;对于四等水准测量,不得超过 3 mm。

3) 高差的计算与检核

按前、后视水准尺红、黑面中丝读数分别计算一站高差。

计算黑面高差(15):

$$(15) = (3) - (6)$$

计算红面高差(16):

$$(16) = (8) - (7)$$

计算红、黑面高差之差(17):

$$(17) = (15) - (16) \pm 0.100 = (14) - (13)(检核用)$$

对于三等水准测量,(17) 不得超过 3 mm;对于四等水准测量,(17) 不得超过 5 mm。式中,0.100 为单、双号两根水准尺红面零点注记之差,以米(m)为单位。

4) 计算平均高差

当红、黑面高差之差在容许范围内时,取其平均值作为该站的观测高差(18),即

$$(18) = \frac{(15) + (16) \pm 0.100}{2}$$

4. 四等水准数据每页计算与检核

1) 高差部分

红、黑面后视总和减红、黑面前视总和应等于红、黑面高差总和,还应等于平均高差总和的两倍,即

当测站数为偶数时,有

$$\sum [(3) + (8)] - \sum [(6) + (7)] = \sum [(15) + (16)] = 2\sum (18)$$

当测站数为奇数时,有

$$\sum [(3) + (8)] - \sum [(6) + (7)] = \sum [(15) + (16)] = 2\sum (18) \pm 0.100$$

2) 视距部分

后视距总和减前视距总和应等于末站视距累积差,即

$$\sum (9) - \sum (10) = 末站(12)$$

校核无误后,算出总视距,即

$$总视距 = \sum (9) + \sum (10)$$

用双面尺法进行三、四等水准测量的记录、计算与校核,如表 1-2-10 所示。

子任务4 三角高程测量

当地面两点间的地形起伏较大而不便于施测水准时,可应用三角高程测量的方法测定两点

间的高差,从而求得高程。该方法较水准测量精度低,常用于山区各种比例尺测图的高程控制,在工程建设中应用广泛。

1. 三角高程测量的原理

三角高程测量的原理是根据测站与待测点间的水平距离和测站向目标点所观测的竖直角来计算两点间的高差。

如图 1-2-19 所示,已知 A 点的高程为 H_A,求 B 点的高程 H_B。将仪器(经纬仪)架设在 A 点,瞄准目标,测得竖直角 α,量取仪器高 i 和目标高 ν。若测得两点间的水平距离为 D(参照视距测量方法),则 A、B 两点间的高差为

$$h_{AB} = D\tan\alpha + i - \nu$$

2. 地球曲率和大气折光对高差测量的影响

当两点间的距离小于 300 m 时,可将水准面当作水平面,观测视线是直线,可按上述公式计算两点间的高差;当两点间的距离大于 300 m 时,需考虑地球曲率和大气折光的影响,并加以球差修正和气差修正。以上两项合称为球气差修正 f,即

$$f = c - \gamma = 6.7D^2 \quad (\text{cm})$$

三角高程测量一般采用对向观测,取对向观测所得高差绝对值的平均值,可抵消地球曲率和大气折光的影响。

3. 三角高程测量的观测与计算

1)三角高程测量测站观测工作

(1)将经纬仪放置于测站上,量取仪器高和目标高。

(2)当中丝瞄准目标时,将竖盘水准管气泡居中,读取竖直度盘读数,以盘左、盘右各半测回观测,测回数和限差要符合要求。

(3)读取视距尺(或水准尺)上、下视距丝读数,计算视距间隔,用视距测量方法计算两点间的水平距离。

2)三角高程测量成果计算

为提高观测精度,两点间的高差可对向观测,按高差计算公式求出高差,根据已知点的高程推算待求点的高程。三角高程测量路线可以组成闭合或附合水准路线,每边均需对向观测。为方便计算路线平差,其容许高差闭合差可按下式计算,即

$$f_{h容} = \pm 0.05 \sqrt{\sum DD} \ (\text{m}) \quad (D \text{ 以 km 为单位})$$

若高差闭合差小于容许高差闭合差,则符合规范要求,观测成果合格。

需要说明的是,由于现代电子测量仪器的迅速发展,传统的三角高程测量已被电子测距(EDM)三角高程测量取代,其不仅速度快、精度高,而且工作强度很小,如全站型电子经纬仪的高程测量功能。

习题

一、填空题

1. 角度观测中,当观测者对着望远镜目镜时,_____位于望远镜的左侧称为盘左,位于右侧称为盘右。

2. 经纬仪十字丝板上的上丝和下丝主要在测量_____时使用。

3. 水平角观测时,若只有两个目标方向,常采用_____;观测三个或三个以上方向时,常采用_____。

4. 根据标准方向的不同,方位角可分为真方位角、_____和_____。

5. 精密钢尺量距常需进行三项修正,即_____、_____和倾斜修正。

6. 眼睛在目镜端上下微微移动,发现十字丝横丝在水准尺上的位置随之变动,这种现象称为_____。

7. 竖直角有正负之分,仰角为_____,俯角为_____。竖直角观测中,测得盘左读数为 $59°20'30''$,盘右读数为 $300°40'00''$,这时竖盘指标差为_____。

8. DJ$_6$ 级光学经纬仪分微尺测微器读数可读至_____。

9. 观测水平角与竖直角时,用盘左、盘右观测取平均值的目的是消除或减少_____、_____、_____和_____的影响。

10. 从直线起点的标准方向的北端起,沿顺时针方向量到直线的水平角称为该直线的_____,取值范围是_____到_____。

11. 水准测量中常用的两种检核方法是_____和变更仪器高法。

12. 进行水准测量时,设 A 为后视点,B 为前视点,后视水准尺读数 $a=1124$,前视水准尺读数 $b=1428$,则 A、B 两点间的高差 h_{AB} 为_____。已知 A 点的高程 $H_A=20.016$ m,则 B 点的高程 H_B 为_____。

13. 单一水准路线的形式有_____、_____和支水准路线。

14. 某直线的方位角为 $163°28'$,其反方位角为_____。

15. 直线定向是指_____,直线定线是指_____。

二、选择题

1. 用经纬仪测水平角和竖直角,一般采用正倒镜法,下面哪种仪器误差不能用正倒镜法消除。(   )

A. 视准轴不垂直于横轴
B. 竖盘指标差
C. 横轴不水平
D. 竖轴不竖直

2. 为了减小度盘分划不均匀误差对水平角观测的影响,应采用的方法是(   )。

A. 盘左、盘右观测
B. 各测回间变换度盘起始位置
C. 消除视差
D. 认真读数

3. 全站仪整平时,调整脚螺旋,使水准管气泡居中,(   )。

A. 气泡移动方向与左手大拇指转动方向相反

B.气泡移动方向与左手大拇指转动方向一致

C.气泡移动方向与右手大拇指转动方向一致

D.气泡移动方向与左手大拇指转动方向垂直

4.为了减小目标偏心对水平角观测的影响,应尽量瞄准标杆的(　　)。

A.顶部   B.底部   C.中间   D.任何位置

5.水平角观测某一方向,盘左读数为$0°01'12''$,盘右读数为$180°01'00''$,其$2c$值为(　　)。

A.$+12''$ B.$+6''$ C.$-12''$ D.$-6''$

6.设A点的高程为1279.25 m,在B点处安置经纬仪,仪器高为1.43 m,平距$D_{AB}=$ 341.23 m,观测A点处觇标高为4.0 m的目标的竖直角为$-13°19'$,则B点的高程为(　　)。

A.1195.91 m   B.1201.05 m   C.1362.59 m   D.1357.45 m

7.用经纬仪进行视距测量,已知$K=100$,视距间隔为0.49 m,竖直角为$+3°45'$,则水平距离为(　　)。

A.47.326 m   B.48.895 m   C.49.000 m   D.48.790 m

8.用水准仪进行水准测量时,要求尽量使前后视距相等,目的是(　　)。

A.消除或减小水准管轴不垂直于仪器旋转轴所引起的误差的影响

B.消除或减小仪器升降所引起的误差的影响

C.消除或减小标尺分划误差的影响

D.消除或减小仪器水准管轴不平行于视准轴所引起的误差的影响

9.在水平角观测中,采用盘左、盘右观测取平均值的观测方法能消除的误差是(　　)。

A.视准轴误差   B.照准误差   C.竖轴误差   D.对中误差

10.已知直线AB的起点A点的坐标为(3526.236,4800.365),终点B点的坐标为(3415.760,4923.126),则直线AB的坐标方位角为(　　)。

A.$48°00'54''$ B.$131°59'06''$ C.$-48°00'54''$ D.$311°59'06''$

11.与图1-2-40中的盘左竖盘刻划相对应的竖角计算公式为 (　　)。(其中L为盘左时的读数,竖盘为全圆顺时针刻划)

A.$90°-L$ B.$L-90°$

C.$270°-L$ D.$L-270°$

12.设有甲、乙、丙、丁四个目标,用经纬仪采用全圆方向法观测水平角时,以甲为零方向,则盘左的观测顺序为(　　)。

A.乙、丙、丁

B.乙、丙、丁、甲

C.甲、乙、丙、丁、甲

D.甲、乙、丙、丁

图1-2-40　题11图

13.闭合水准路线的高差闭合差f_h应为(　　)。

A.零

B.实测高差代数和

C.终点和起始点高程之和

D.往返测高差之差

14.下列关于水准测量的描述错误的是(　　)。

A.水准测量中闭合差的调整是将闭合差反号后按与测站数(或距离)成反比分配

B.采用“后、前、前、后”的观测顺序,可减小仪器下沉对水准测量的影响

C.前后视距相等时可以消除或减小视准轴与水准管轴不平行所带来的误差的影响

D.水准尺的零点差可在一水准测段中使测站数为偶数而予以消除

15.采用测回法观测水平角,测完上半测回后,发现水准管气泡偏离两格多,此时应( )。

A.继续观测下半测回

B.整平后观测下半测回

C.整平后全部重测

D.误差范围内不用理会

16.如图1-2-41所示,AB边的坐标方位角$\alpha_{AB}=125°30'30''$,转折角如图所示,则CD边的坐标方位角α_{CD}为( )。

图1-2-41 题16图

A.$75°30'30''$

B.$15°30'30''$

C.$45°30'30''$

D.$25°29'30''$

17.在水准测量中转点的作用是传递( )。

A.方向   B.高程   C.距离   D.角度

三、计算题

如图1-2-42所示,BM1和BM2为高程已知的水准点,A、B为高程待定的水准点,试根据图中所示的数据计算A、B两点间的高程。

图1-2-42 计算题图

学习情境 3

小地区控制测量

■ **教学目标**

　　学习目标：能利用所学知识进行小地区控制测量，掌握平面控制测量的方法和成果平差计算，理解高程控制测量的内容，知晓控制点的应用。

　　功能目标：

　　1.了解控制测量的基本要求。

　　2.能根据导线技术要求，掌握利用主流测绘仪器开展导线测量的方法，理解导线测量的方法与成果平差计算及其应用。

　　3.了解利用 GNSS 开展平面控制测量的方法。

　　4.熟练掌握坐标正算、坐标反算的原理与应用。

■ **工作任务**

　　能利用全站仪开展小地区控制测量，条件许可时掌握利用 GPS 进行控制点平面测量的操作方法。

任务 1 小地区控制测量、坐标正反算

1. 小地区控制测量

1）控制测量概述

测量工作不可避免地会产生误差，故每次测量时必须采取一定的程序和方法，即遵循一定的测量施测原则，以防止误差积累，提高测量精度。测量工作必须遵循的原则之一就是"先控制后碎部"。为了保证测量成果具有规定的准确性和可靠性，必须首先建立控制网，然后根据控制网进行碎部测量和施工放样等测量工作。控制测量起到控制全局和限制误差积累的作用，为各项具体测量工作和科学研究工作提供了依据。

首先在测区选择具有控制意义的点，组成一定的几何图形，用相对精确的测量手段和计算方法，在统一坐标系中确定这些点的平面坐标和高程，然后以其为基础来测定其他点的点位或进行施工放样。这些具有控制意义的点称为控制点；由测区内所选定的若干个控制点构成的几何图形，称为控制网；对控制网进行布设、观测、计算，确定控制点位置的工作称为控制测量。在碎部测量中，专门为地形图测绘而布设的控制网称为图根控制网，相应的控制测量工作称为图根控制测量；专门为工程施工而布设的控制网称为施工控制网，施工控制网可以作为施工放样和变形监测的依据。

控制测量分为平面控制测量和高程控制测量。平面控制测量确定控制点的平面坐标，高程控制测量确定控制点的高程。在传统的测量工作中，平面控制网与高程控制网通常分别单独布设。

我国已在全国范围内建立了控制网，称之为国家控制网，它是全国各种比例尺测图的基本控制，也为研究地球的形状和大小提供了依据。国家控制网是采用精密测量仪器和方法，依照施测精度，按一、二、三、四共四个等级建立的，其低级控制点受高级控制点的逐级控制。

图 1-3-1　三角网测量

2）平面控制测量

平面控制测量是确定控制点的平面位置，建立平面控制网的方法，分为三角网测量（见图 1-3-1）、导线测量和交会测量等。现今，全球定位系统 GPS 已成为建立平面控制网的主要方法。

导线控制是一种将控制点用直线连接起来所形成的折线形式的控制网。导线测量是指通过观测导线的边长和转折角，依据起算数据，经计算而获得导线点的平面坐标。导线测量布设简单，每点仅需与前、后两点通视即可，选点方便，特别是在隐蔽地区和建筑物多而通视困难的城市，应用起来非常方便灵活。

交会测量是利用交会定点法来加密平面控制点的一种控制测量方法。通过观测水平角来

确定交会点平面位置的工作称为测角交会,通过测边来确定交会点平面位置的工作称为测边交会,通过同时测边长和水平角来确定交会点平面位置的工作称为边角交会。

GPS测量是以分布在太空中的多个GPS卫星为观测目标来确定地面点的三维坐标的定位方法。现今,GPS已成为建立平面控制网的主要方法。20世纪80年代末,全球定位系统(GPS)开始在我国用于建立平面控制网,目前已成为建立平面控制网的主要方法。应用GPS卫星定位技术建立的控制网称为GPS控制网。根据我国2009年颁布的《全球定位系统(GPS)测量规范》的要求,GPS相对定位精度划分为A、B、C、D、E五级。我国A级和B级GPS大地控制网分别由27个点和818个点构成,它们均匀地分布在我国,平均边长相应为650 km和150 km。GPS大地控制网不仅在精度方面比以往的全国性大地控制网大体提高了两个量级,而且其三维坐标体系是建立在有严格动态定义的先进的国际公认的ITRF框架之内的。这一高精度的三维空间大地坐标系的建成为我国21世纪前10年的经济和社会持续发展提供了基础的测绘保障。城市GPS控制网一般用国家GPS控制网作为起始数据,由若干个独立的闭合环组成,或构成附合水准路线。某城市首级GPS控制网如图1-3-2所示。按《城市测量规范》的规定,城市GPS平面控制网的主要技术指标如表1-3-1所示。

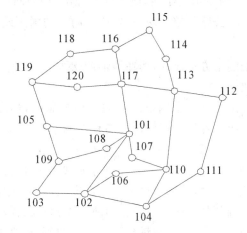

图1-3-2 某城市首级GPS控制网

表1-3-1 城市GPS平面控制网的主要技术指标

等级	平均边长/km	固定误差 a/mm	比例误差系数 b/(1×10^{-6})	最弱边相对中误差
二等	9	≤5	≤2	1/120 000
三等	5	≤5	≤2	1/80 000
四等	2	≤10	≤5	1/45 000
一级	1	≤10	≤5	1/20 000
二级	<1	≤10	≤5	1/60 000

城市或工程平面控制网是在国家控制网的控制下布设的,并按城市或工程建设范围的大小布设成不同等级的平面控制网,分为二、三、四等三角网,或三、四等导线网和一、二级小三角网,或一、二、三级导线网。城市导线测量的主要技术指标如表1-3-2所示。

表 1-3-2　城市导线测量的主要技术指标

等 级	导线长度/km	平均边长/km	测角中误差/″	测距中误差/mm	测 回 数 DJ$_1$	测 回 数 DJ$_2$	测 回 数 DJ$_6$	方位角闭合差/″	导线全长相对闭合差
三等	15	3	±1.5	±18	8	12	—	±3$\sqrt{n}$	1/60 000
四等	10	1.6	±2.5	±18	4	6	—	±5$\sqrt{n}$	1/40 000
一级	3.6	0.3	±5	±15	—	2	4	±10$\sqrt{n}$	1/14 000
二级	2.4	0.2	±8	±15	—	1	3	±16$\sqrt{n}$	1/10 000
三级	1.5	0.12	±12	±15	—	1	2	±24$\sqrt{n}$	1/6000

在面积小于 $10\ km^2$ 的范围内建立的控制网,称为小区域控制网。在这个范围内,水准面可视为水平面,可采用独立平面直角坐标系来计算控制点的坐标,而不需要将测量成果换算到高斯直角坐标系中。测定小区域控制网的工作,称为小区域控制测量。小区域控制网分为平面控制网和高程控制网两种。小区域控制网应尽可能以国家或城市已建立的高级控制网为基础进行联测,将国家或城市高级控制点的坐标和高程作为小区域控制网的起算和校核数据。当测区内或附近无国家或城市控制点,或附近有这种高级控制点但不便联测时,应建立测区独立控制网。此外,为工程建设而建立的专用控制网,或个别工程出于某种特殊需要而建立控制网时,也可以采用独立控制网。高等级公路的控制网,一般应与附近的国家或城市控制网联测。

3）高程控制测量

高程控制主要通过水准测量方法建立,而在地形起伏大、直接进行水准测量较困难的地区,可采用三角高程测量方法建立。

我国已采用水准测量方法建立了全国范围内的高程控制网,称之为国家水准网,它是全国范围内施测各种比例尺地形图和各类工程建设的高程控制基础。国家水准网按从整体到局部、由高级到低级、逐级控制、逐级加密的原则分四个等级布设。国家一、二等水准网采用精密水准测量方法建立,是研究地球形状和大小、海洋平均海水面变化的重要资料。国家一等水准网是国家高程控制网的骨干;国家二等水准网布设于一等水准网内,是国家高程控制网的基础;国家三、四等水准网为国家高程控制网的进一步加密,为地形测图和工程建设提供了高程控制点。

以国家水准网为基础,城市高程控制测量分为二、三、四等,根据城市范围的大小,其首级高程控制网可布设成二等或三等水准网,用三等或四等水准网做进一步加密,在四等以下水准网中再布设直接用于测图的图根水准网。城市水准测量的主要技术指标如表 1-3-3 所示。

在小区域范围内建立高程控制时,应根据测区面积大小和工程要求,采用分级建设的方法。一般情况下以国家或城市等级水准点为基础,在整个测区建立三、四等水准网或水准路线,采用图根水准测量或三角高程测量测定图根点的高程。

表 1-3-3　城市水准测量的主要技术指标

等 级	每千米高差中误差/mm 偶然中误差	每千米高差中误差/mm 全中误差	路线长度/km	测段往返测高差不符值/mm	附合或环线闭合差 平地/mm	附合或环线闭合差 山地/mm
二 等	±1	±2	400	±4$\sqrt{R}$	±4$\sqrt{L}$	—
三 等	±3	±6	45	±12$\sqrt{R}$	±12$\sqrt{L}$	±4$\sqrt{n}$
四 等	±5	±10	15	±20$\sqrt{R}$	±20$\sqrt{L}$	±6$\sqrt{n}$
图 根	±10	±20	8	—	±40$\sqrt{L}$	±12$\sqrt{n}$

注：① 结点之间或结点与高级点之间,其路线长度应不大于表中规定值的 0.7。
　　② R 为测段长度,单位为 km；L 为附合或环线长度,单位为 km；n 为测站数。

2. 坐标正反算

1）坐标正算

如图 1-3-3 所示，已知 A 点的坐标 (x_A, y_A)、边长 D_{AB} 和坐标方位角 α_{AB}，求 B 点的坐标 (x_B, y_B)，称为坐标正算。由图 1-3-3 可得

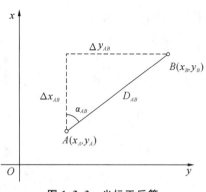

图 1-3-3　坐标正反算

$$\begin{cases} x_B = x_A + \Delta x_{AB} \\ y_B = y_A + \Delta y_{AB} \end{cases} \tag{3-1}$$

式中，Δx 称为纵坐标增量，Δy 称为横坐标增量。通过三角函数可计算得出

$$\begin{cases} \Delta x_{AB} = D_{AB} \cdot \cos\alpha_{AB} \\ \Delta y = D_{AB} \cdot \sin\alpha_{AB} \end{cases} \tag{3-2}$$

故 B 点坐标的计算公式为

$$\begin{cases} x_B = x_A + D_{AB} \cdot \cos\alpha_{AB} \\ y_B = y_A + D_{AB} \cdot \sin\alpha_{AB} \end{cases} \tag{3-3}$$

2）坐标反算

如图 1-3-3 所示，已知 A、B 两点的坐标，求坐标方位角 α_{AB} 和边长 D_{AB}，称为坐标反算。由反三角函数可计算得出直线 AB 的象限角 R_{AB} 为

$$R_{AB} = \arctan \left| \frac{\Delta y_{AB}}{\Delta x_{AB}} \right| \tag{3-4}$$

直线 AB 的坐标方位角 α_{AB} 就可以通过方位角与象限角的关系换算得出。

边长 D_{AB} 可通过勾股定理计算得出，即

$$D_{AB} = \sqrt{\Delta x_{AB}^2 + \Delta y_{AB}^2} \tag{3-5}$$

任务 2 导线测量

1. 导线形式

导线是建立小地区平面控制网的一种常用方法，其布设和观测简单、方便、快捷，特别是在地物分布较复杂的城市建筑区、视线障碍较多的隐蔽区和带状地区，多采用导线测量的方法。

按照不同的布设形式，单一导线分为闭合导线、附合导线和支导线三种形式。

1）闭合导线

由某一已知点出发，经过若干点的连续折线后最终回到此已知点，形成一个闭合多边形，称为闭合导线，如图 1-3-4 所示。

2）附合导线

由某一已知点出发，经过若干点的连续折线后终止于另一个已知点，形成的导线称为附合

导线,如图 1-3-5 所示。

图 1-3-4　闭合导线

图 1-3-5　附合导线

图 1-3-6　支导线

3）支导线

由某一已知点出发,既不附合到另一已知点,又不闭合到初始控制点的导线,称为支导线,如图 1-3-6 所示。支导线一般只限于地形测量的图根导线中采用,且其支出的控制点数一般不超过两个。

2. 导线测量外业工作

1）踏勘选点

在进行外业测量之前,首先应调查、收集测区范围内已有的地形图、影像图、控制点的成果等资料,并初步设计拟定控制点、导线的布设方案。准备工作完成后,进行实地踏勘,按照设计方案核对、修改、落实点位,必要时可修改设计方案。

实地选点时应注意下列几点:

(1)要求相邻点间通视良好。如采用钢尺量距测量导线边长,则沿线地势应较平坦,没有障碍物。

(2)点位应选在土质坚实处,便于保存标志和安置仪器。

(3)点位处的视野应开阔,便于测绘周围的地物和地貌。

(4)导线各边的边长应符合表 1-3-2 的规定,最长不超过平均边长的 2 倍,相邻导线边长应尽量相等。

(5)导线点应有足够的密度,且均匀分布在测区,便于控制整个测区。

(6)导线点选定后,要埋设点位。一般导线点可埋设临时性标志。可在每一点位上打一大木桩,并在桩顶钉一小钉,作为临时性标志,如图 1-3-7 所示;若在碎石或沥青路面上,可以用顶上凿有十字纹的大铁钉代替木桩。

若导线点需要保存的时间较长,则要埋设混凝土桩或石桩,桩顶刻十字纹,作为永久性标志,如图 1-3-8 所示。导线点应统一编号。导线点在地形图上的表示符号如图 1-3-9 所示,图中的 2.0 表示符号正方形的长、宽为 2 mm,1.6 表示符号圆的直径为 1.6 mm。

导线点埋设后,为便于观测时寻找,可以在点位附近的房角或电线杆等明显地物上用红油漆标明指示导线点位置的标记,并应为每一个导线点绘制一张点之记,如图 1-3-10 所示。

图 1-3-7　临时性标志

图 1-3-8　永久性标志

图 1-3-9　导线点在地形图上的表示符号

图 1-3-10　点之记

2）导线边长测量

导线的边长可用检定过的光电测距仪、全站仪测量。若用钢尺进行量距,钢尺必须经过检定。

3）角度测量

导线的转折角采用测回法观测,限差需满足规范要求。

导线测角工作中,观测左转折角(位于导线前进方向左侧的角)或右转折角(位于导线前进方向右侧的角)均可,在闭合导线中一般测内角。观测的左转折角或右转折角与导线前进方向的坐标方位角的推导公式相关,详见学习情境2中的坐标方位角推算部分内容。

4）导线联测

导线联测是指新布设的导线与高等级控制点的连接测量,目的是取得新布设导线的起算数据,即导线起始点的坐标及起算方位角。例如在图1-3-4中,此闭合导线与 A、B 两个高等级控制点连接,还需测定连接角 β_0 进行定向。连接角应按高一等级导线的技术要求进行观测。

3. 导线测量内业工作

导线测量内业工作主要是通过外业测量的数据求解各导线点的平面直角坐标。计算之前,应按规范要求对导线测量外业成果进行全面检查和验算,检查数据是否齐全,有无记错、算错,确保观测成果正确无误并符合各项限差要求,对于出现问题的数据,应及时补测,然后对观测边长进行相应的修正,以消除或减小系统误差的影响,并确保起算数据准确。

1）闭合导线内业计算

（1）检查外业资料并绘制草图,如图1-3-11所示,将已知方位角、坐标和外业测量数据标注在草图上。

图 1-3-11　闭合导线测量草图

（2）角度闭合差的计算、检核、分配。

根据平面几何原理，n 边形的内角和应为 $(n-2) \times 180°$，即图 1-3-11 中的五边形的内角和理论值为 $\sum \beta_{理} = 540°00'00''$。

由于观测角不可避免地含有误差，因此实测的内角之和 $\sum \beta_{测}$ 不等于内角和的理论值，而是会产生角度闭合差 f_β，即

$$f_\beta = \sum \beta_{测} - \sum \beta_{理} \tag{3-6}$$

计算容许角度闭合差 $f_{\beta容}$。对于图根导线，$f_{\beta容} = \pm 40\sqrt{n}''$。若 $f_\beta > f_{\beta容}$，则说明所测角度不符合要求，应重新观测角度；若 $f_\beta \leqslant f_{\beta容}$，则可将角度闭合差 f_β 按"反号平均分配"的原则，计算各观测角的修正数 v_β。

角度修正数的计算公式为

$$v_\beta = -f_\beta / n \tag{3-7}$$

式中，n 为转折角个数。

将 v_β 加到各观测角 β_i 上，最终计算出修正后的观测角 β_i，即

$$\beta_i = \beta_i + v_\beta \tag{3-8}$$

修正后的内角和应为 $(n-2) \times 180°$，以此作为计算校核依据。

在图 1-3-11 中，$\sum \beta_{测} = -540°0'60''$，其角度闭合差 $f_\beta = -60''$。

五边形闭合导线的角度闭合差 $f_\beta = -60''$，共有 6 个观测角（包括 1 个连接角），故每个观测角分配修正值 $+10''$。依次计算各转折角的修正数，将观测值加上角度修正数即可得到修正后的角度，将其记录到表 1-3-4 中。

（3）坐标方位角的推算。

根据起始方位角及修正后的转折角，按下式依次推算各边的坐标方位角，即

$$\alpha_{前} = \alpha_{后} + \beta_{左} - 180° \quad 或 \quad \alpha_{前} = \alpha_{后} + 180° - \beta_{右}$$

依次将闭合导线各直线段的坐标方位角推算出来并记录到表 1-3-4 中。

在推算过程中，如果算出的 $\alpha_{前} > 360°$，则应减去 $360°$；如果算出的 $\alpha_{前} < 0°$，则应加上 $360°$。

为了发现推算过程中的差错,最后必须推算至起始边的坐标方位角,看其是否与已知值相等,以此作为计算校核的依据。

(4)坐标增量的计算、检核、分配。

计算出导线各边的两端点间的纵、横坐标增量 Δx 及 Δy,并记录到表1-3-4中。

闭合导线的纵、横坐标增量代数和的理论值应分别为零,实际上由于测边的误差和角度闭合差调整后的残余误差,$\sum \Delta x_测$、$\sum \Delta y_测$ 往往不等于零,而是产生纵坐标增量闭合差 f_x 与横坐标增量闭合差 f_y,即

$$f_x = \sum \Delta x_测 - \sum \Delta x_理 \tag{3-9}$$

$$f_y = \sum \Delta y_测 - \sum \Delta y_理 \tag{3-10}$$

f_D 称为导线全长闭合差,可用下式计算,即

$$f_D = \sqrt{f_x^2 + f_y^2} \tag{3-11}$$

将 f_D 与导线全长 $\sum D$ 进行比较,用相对误差 k 来表示导线测量的精度,即

$$k = \frac{f_D}{\sum D} = \frac{1}{\dfrac{\sum D}{f_D}} \tag{3-12}$$

以导线全长相对闭合差 k 来衡量导线测量的精度,分母越大,精度越高。不同等级的导线全长相对闭合差的容许值 $k_容$ 可在表1-3-2中查询。

若 $k > k_容$,则说明测量不合格,首先应检查内业计算过程有无错误,若无误,再检查外业观测成果资料,必要时应重测;若 $k \leq k_容$,则说明测量符合相应等级的精度要求,可以对闭合差进行分配调整,即将 f_x、f_y 按照反号正比例的原则计算导线各边的纵、横坐标增量修正数,然后相应地加到导线各边的纵、横坐标增量中去,求得各边修正后的坐标增量。以 v_{xi}、v_{yi} 分别表示第 i 边的纵、横坐标增量修正数,则有

$$v_{xi} = -\frac{f_x}{\sum D} \cdot D_i \tag{3-13}$$

$$v_{yi} = -\frac{f_y}{\sum D} \cdot D_i \tag{3-14}$$

将计算出的导线各边的纵、横坐标增量的修正数(取位到厘米),加上导线各边纵、横坐标增量值,即得导线各边修正后的纵、横坐标增量,填入表1-3-4中。

修正后的导线各边的纵、横坐标增量的代数和应分别为零,以此作为计算校核依据。

(5)导线点坐标的计算。

由起始点的已知坐标和修正后的坐标增量就可依次推算出各导线点的坐标,即

$$x_{n+1} = x_n + \Delta x_修 \tag{3-15}$$

$$y_{n+1} = y_n + \Delta y_修 \tag{3-16}$$

将计算所得的坐标值填入表1-3-4中,最后还应推算出起点的坐标,其值应与已知数值相等,以此作为检核依据。

表 1-3-4　闭合导线坐标计算表

点	x	y
A	1640.460	1111.401
B	1540.386	1236.702

$$R_{AB} = \arctan\left|\frac{125.301}{-100.074}\right| = 51°23'12''$$

点名	角度观测值	修正数	修正后的角度	坐标方位角	边长 /m	坐标增量 /m		坐标增量修正数 /mm		修正后的坐标增量 /m		坐标 /m	
	$\circ\,'\,''$	$''$	$\circ\,'\,''$	$\circ\,'\,''$		Δx	Δy	$v\Delta x$	$v\Delta y$	Δx	Δy	x	y
1	2	3	4	5	6	7	8	9	10	11	12	13	14
A				128 36 48									
B	194 29 29	+10	194 29 39		88.100	−70.459	+52.888	−11	+13	−70.470	+52.901	1540.386	1236.702
				143 06 27									
J$_1$	124 02 42	+10	124 02 52		133.064	+6.604	+132.900	−17	+20	+6.587	+132.920	1469.916	1289.603
				87 09 19									
J$_2$	102 02 09	+10	102 02 19		109.512	+108.105	+17.497	−14	+17	+108.091	+17.514	1476.503	1422.523
				9 11 38									
J$_3$	117 05 24	+10	117 05 34		108.430	64.172	−87.402	−14	+17	64.158	−87.385	1584.594	1440.037
				306 17 12									
J$_4$	100 39 30	+10	100 39 40		158.710	−108.346	−115.974	−20	+24	−108.366	−115.950	1648.752	1352.652
				226 56 52									
B	261 39 46	+10	261 39 56									1540.386	1236.702
				308 36 48									
A													
$\sum$	899 59 00				$\sum$ = 597.816	$\sum$ = 76	$\sum$ = −76	$\sum$ = −76	$\sum$ = 91				

$f_\beta = -60''$　$f_x = 0.076$ m　$f_y = -0.091$ m　$f_s = 0.118$ m　$k = \dfrac{0.118}{597.816} = \dfrac{1}{5000}$

2）附合导线内业计算

图 1-3-12 所示为双定向附合导线测量草图,两端依附于已知点 B、C,已知方位角 α_{AB}、α_{CD},观测了导线各边长 D 及转折角 β。A、B、C、D 均为高级控制点,它们的坐标已知,起始边 AB 和终止边 CD 的坐标方位角 α_{AB}、α_{CD} 可通过坐标反算求得。

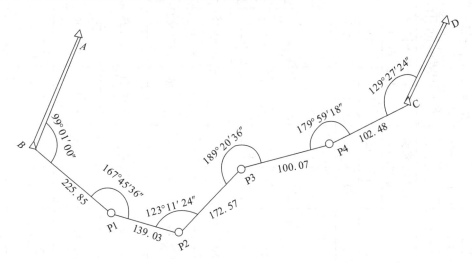

图 1-3-12　双定向附合导线测量草图

附合导线的坐标计算是按一定的顺序在表 1-3-5 中进行的,也可以用计算程序在计算机上计算。计算前应先检查外业观测成果是否符合技术要求,然后将角度、起始边方位角、边长和起算点的坐标分别填入表 1-3-5 中的 2、4、5、13、14 栏,或输入计算机。计算时还应绘制导线略图。

附合导线的坐标计算基本与闭合导线的坐标计算相同,但由于附合导线两端和已知点相连,所以在角度闭合差和坐标增量闭合差上有所不同。

（1）角度闭合差的计算。

A、B、C、D 均为高级控制点,它们的坐标已知,起始边 AB 和终止边 CD 的坐标方位角 α_{AB}、α_{CD} 通过坐标反算求得。由起始边的方位角 α_{AB} 经各转折角推算出的终止边的方位角 α'_{CD} 与已知的终止边的方位角 α_{CD} 不相等,其差值为附合导线角度闭合差 f_β,即

$$\alpha'_{CD} = \alpha_{AB} + \sum \beta_{左} - n \cdot 180° \qquad (3-17)$$

则角度闭合差为

连接角为左角时：$\quad f_\beta = \alpha'_{CD} - \alpha_{CD} = \alpha_{AB} + \sum \beta_{左} - n \cdot 180° - \alpha_{CD}$

连接角为右角时：$\quad f_\beta = \alpha'_{CD} - \alpha_{CD} = \alpha_{AB} - \sum \beta_{右} + n \cdot 180° - \alpha_{CD} \qquad (3-18)$

或将上面两式改写成一般式,即

$$\begin{cases} f_\beta = (\alpha_{始} - \alpha_{终}) + \sum \beta_{左} - n \cdot 180° \\ f_\beta = (\alpha_{始} - \alpha_{终}) - \sum \beta_{右} + n \cdot 180° \end{cases} \qquad (3-19)$$

必须特别注意,在调整角度闭合差时,若观测角为左角,则应以与角度闭合差相反的符号分配角度闭合差;若观测角为右角,则应以与角度闭合差相同的符号分配角度闭合差。

表 1-3-5　附合导线坐标计算表

已知数据：

点	x	y
A	2603.177	1368.392
B	2507.690	1215.630
C	2166.720	1757.290
D	2273.831	1871.186

$$R_{AB}=\arctan\left|\frac{-152.762}{-95.487}\right|=57°59'30''$$

$$R_{CD}=\arctan\left|\frac{113.896}{107.111}\right|=46°45'30''$$

点名	角度观测值 ° ′ ″	修正数 ″	修正后的角度 ° ′ ″	坐标方位角 ° ′ ″	边长/m	坐标增量 Δx	坐标增量 Δy	坐标增量修正数/cm vΔx	vΔy	修正后的坐标增量/m Δx	Δy	坐标/m x	y
1	2	3	4	5	6	7	8	9	10	11	12	13	14
A													
				237 59 30									
B	99 01 00	+7	99 01 07									2507.69	1215.63
				157 00 37	225.85	−207.91	+88.21	+4	−4	−207.87	+88.17		
P_1	167 45 36	+7	167 45 43									2299.82	1303.80
				144 46 20	139.03	−113.57	+80.20	+2	−2	−113.55	+80.18		
P_2	123 11 24	+7	123 11 31									2186.27	1383.98
				87 57 51	172.57	+6.13	+172.46	+3	−3	+6.16	+172.43		
P_3	189 20 36	+7	189 20 43									2192.43	1556.41
				97 18 34	100.07	−12.73	+99.26	+2	−1	−12.71	+99.25		
P_4	179 59 18	+7	179 59 25									2179.72	1655.66
				97 17 59	102.48	−13.02	+101.65	+2	−2	−13.00	+101.63		
C	129 27 24	+7	129 27 31									2166.72	1757.29
				46 45 30									
D													
$\sum$	888 45 18				$\sum=740.00$	$\sum=-341.10$	$\sum=541.78$						

$\alpha_{CD}-\alpha_{AB}=-191°14'00''$　$f_\beta=-42''$　$f_x=-0.13\ \text{m}$　$f_y=+0.12\ \text{m}$　$f_s=0.18\ \text{m}$　$k=\dfrac{0.18}{740}=\dfrac{1}{4000}$

（2）坐标增量闭合差的计算。

附合导线的起点及终点均是已知的高级控制点，其误差可以忽略不计。附合导线的纵、横坐标增量的总和，在理论上应等于终点与起点的坐标差值，即

$$\begin{cases} \sum \Delta x_{理} = x_{终} - x_{始} \\ \sum \Delta y_{理} = y_{终} - y_{始} \end{cases}$$

$$(3-20)$$

由于量边和测角有误差，因此算出的纵、横坐标增量的总和 $\sum \Delta x_{测}$ 与 $\sum \Delta y_{测}$ 与理论值不相等，其差值为坐标增量闭合差，即

$$\begin{cases} f_x = \sum \Delta x_{测} - (x_{终} - x_{始}) \\ f_y = \sum \Delta y_{测} - (y_{终} - y_{始}) \end{cases}$$

$$(3-21)$$

附合导线坐标计算如表 1-3-5 所示。

3）支导线内业计算

支导线中没有检核条件，因此不产生闭合差，导线转折角和计算的坐标增量均不需要进行修正。支导线内业计算步骤为：

（1）根据观测的转折角推算各边的坐标方位角。

（2）根据各边的坐标方位角和边长计算各边的坐标增量。

（3）根据各边的坐标增量推算各点的坐标。

任务 3 GNSS 测量

1. GNSS 测量概述

GNSS(global navigation satellite system)的全称是全球导航卫星系统，泛指所有的全球卫星导航系统以及区域和增强系统，它利用包括美国的 GPS、俄罗斯的 GLONASS、欧洲的 GALILEO、中国的北斗卫星导航系统、美国的 WAAS(广域增强系统)、欧洲的 EGNOS(欧洲地球静止导航重叠服务)和日本的 MSAS(多功能卫星增强系统)等卫星导航系统中的一个或多个系统进行导航定位，并同时提供卫星的完备性检验信息(integrity checking)和足够的导航安全性告警信息。

GNSS 测量的基本原理是：测量出已知位置的卫星到用户接收机之间的距离，然后综合多颗卫星的数据，就可知道接收机的具体位置。要达到这一目的，卫星的位置可以根据星载时钟所记录的时间在卫星星历中查出，而用户到卫星的距离则通过记录卫星信号传播到用户所经历的时间，再将其乘以光速得到[由于大气层中的电离层的干扰，这一距离并不是用户与卫星之间的真实距离，而是伪距(PR)；当 GPS 卫星正常工作时，会不断地用 1 和 0 二进制码元组成的伪随机码(简称伪码)发射导航电文]。

2. GNSS 控制测量

1) GNSS 图根平面控制

用 GNSS 方法测定图根点平面坐标时,可采用静态、快速静态以及 GNSS-RTK(实时动态)定位方法,作业要求应按《卫星定位城市测量技术规范》(CJJ/T 73—2010)执行。GNSS 网可采用多边形环、附合路线和插点等形式;GNSS 外业观测应采用精度不低于 $10 \text{ mm} + 2 \text{ ppm} \times D$ 的各种单频或双频 GNSS 接收机,卫星截止高度角为 $10°$,历元间隔为 20 s;GNSS 网平差计算时,采用与地面数据进行联合平差的方法。

2) GNSS 测量的外业实施

GNSS 测量过程与常规测量过程相似,在实际工作中可划分为方案设计、外业实施及内业数据处理三个阶段。GNSS 测量的外业实施包括 GNSS 点的野外选点、标志的埋设、观测数据的采集、数据传输及数据预处理等工作。

(1) 经典静态定位作业模式。

采用两台或两台以上的接收设备,将其分别安置在一条或数条基线的两个端点。同步观测四颗以上的卫星,作业可布置成三角网,作业时长一般为 45 分钟到 2 小时。基线的定位精度可达 $5 \text{ mm} + 1 \text{ ppm} \times D$,$D$ 为基线长度(单位为 km)。该模式通常适用于建立国家级大地控制网、建立长距离检校基线、进行岛屿与大陆联测、建立精密工程控制网等。

(2) 快速静态定位作业模式。

快速静态定位作业模式为在测区中部选择一个基准站,并安置一台接收设备,连续跟踪所有可见的卫星,将另一台接收设备依次安置到各流动站,每点观测数分钟。精度上流动站相对于基准站的基线中误差为 $5 \text{ mm} \pm 1 \text{ ppm} \times D$。该模式通常适用于控制网的建立与加密、工程测量、地籍测量、大批相距百米左右点位的定位,其优点是作业速度快、精度高、能耗低,但由于两台接收设备工作时不构成闭合图形,故其可靠性差。

(3) 动态定位。

建立一个基准点,安置接收设备,连续跟踪所有可见的卫星,流动接收设备先在出发点上静态观测数分钟,然后开始连续运动,按指定的时间间隔自动测定运动载体的实时位置,精度上可达到厘米级,相对于基准点的瞬时点位精度为 $1 \sim 2 \text{ cm}$。动态定位时要连续跟踪,流动点与基准点之间的距离不超过 20 km。

(4) GNSS-RTK(实时动态)定位技术。

RTK(real-time kinematic,实时动态)载波相位差分技术,是实时处理两个测量站载波相位观测量的差分方法,将基准站采集的载波相位发送给用户接收设备进行求差,计算出坐标。GNSS-RTK 定位技术是 GNSS 测量技术发展中的一个新突破,其基本思想是:在基线上安置一台 GNSS 接收设备,对所有可见的 GNSS 卫星进行连续测量,将观测数据通过无线点传输设备实时地发送给用户观测站。在用户观测站上,GNSS 接收设备在接收 GNSS 微信号的同时,通过无线电接收设备接收基准站传输的观测数据,然后根据相对定位原理,实时地计算并显示用户观测站的三维坐标及其精度。目前实时动态测量采用的作业模式主要有快速静态测量、准动态测量、动态测量。

各级 GNSS 测量作业的基本技术要求如表 1-3-6 所示,《工程测量规范》中各级 GNSS 测量作业的基本技术要求如表1-3-7所示。

表1-3-6　各级 GNSS 测量作业的基本技术要求

项目 \ 级别	B	C	D	E
卫星截止高度角/(°)	10	15	15	15
同时观测的有效卫星数	≥4	≥4	≥4	≥4
有效观测卫星总数	≥20	≥20	≥4	≥4
观测时段数	≥3	≥2	≥1.6	≥1.6
时段长度	≥23 h	≥4 h	≥60 min	≥40 min
采样间隔/s	30	10～30	5～15	5～15

表1-3-7　《工程测量规范》中各级 GNSS 测量作业的基本技术要求

等级		二等	三等	四等	一级	二级
接收机类型		双频或单频	双频或单频	双频或单频	双频或单频	双频或单频
仪器标称精度		(10+2) mm	(10−5) mm	(10+5) mm	(10+5) mm	(10+5) mm
观测量		载波相位	载波相位	载波相位	载波相位	载波相位
卫星高度角/(°)	静态	≤15	≤15	≤15	≤15	≤15
	快速静态	—	—	—	≤15	≤15
有效观测卫星数	静态	≥5	≥5	≥4	≥4	≥4
	快速静态	—	—	—	≤5	≤5
观测时段长度/min	静态	≥90	≥60	≥45	≥30	≥30
	快速静态	—	—	—	≤15	≤15
数据采样间隔/s	静态	10～30	10～30	10～30	10～30	10～30
	快速静态	—	—	—	5～15	5～15
几何图形强度因子 PDOP		≤6	≤6	≤6	≤8	≤8

3. GNSS 控制点的选择

由于 GNSS 观测站之间不一定要求相互通视,而且网的图形结构比较灵活,故选点比常规控制测量的选点要简便,通常应遵循以下原则:

(1)点位应设在易于安装接收设备、视野开阔的较高点。

(2)点位目标要显著,视场周围 15 m 以上不应有障碍物,以避免 GNSS 信号被遮挡。

(3)点位应远离功率无线点发射源,其距离不小于 200 m,远离高压输电线,其距离不小于 50 m,以避免电磁场对 GNSS 信号的干扰。

（4）点位附近不应有大面积的水域或不应有强烈干扰卫星信号接收的物体，以减小多路径效应的影响。

（5）点位应选在交通便利，便于利用其他常规测量手段进行扩展与联测的地方。

（6）地面基础稳定，易于长期保存控制点。

（7）能充分利用符合要求的已有控制点。

（8）选点人员应按设计方案进行实地踏勘，在测区按要求选定点位。

（9）各级 GNSS 点可按需要设立，与其通视的方位点应目标明显、方便观测，且距离 GNSS 网点一般不小于 300 m。

（10）不论是新选的点还是原有的控制点，均应在实地绘制点之记，现场详细记录，不得追记。

（11）点位周围高于 10 m 的上方有障碍物时，应绘制点的环视图。

（12）GNSS 控制点一般应埋设具有中心标志的标石，标石的制作与埋设应按照《工程测量规范》执行。点的标石和标志必须稳定、坚固，利于长久保存和利用。

（13）编制 GNSS 点号时，应整体考虑，统一编号，适于计算机管理。

4. 观测记录

观测记录均由接收设备自动进行，均记录在存储介质上，主要内容有：
（1）载波相位观测值及相应的观测历元、卫星历元和卫星钟差参数。
（2）统一历元测码伪距观测值。
（3）实时绝对定位结果、测站控制信息及接收设备工作状态信息。
《工程测量规范》的规定如下：
（1）观测前和观测过程中应按要求及时填写各项内容，书写要认真仔细，字迹工整、清晰、美观。
（2）观测手簿中的各项观测记录一律使用铅笔填写，不得刮擦、涂改，不得转抄或追记，如有读、记错误，应整齐划掉，将正确数据写在上边并标明原因，其中天线高、天气等原始数据不应重复涂改。
（3）观测手簿整饰、存储介质注明和各种计算一律使用蓝、黑笔书写。
（4）外业观测中，接收设备内存介质上的数据文件应及时复制一式两份，并在外存介质外面的适当位置贴上标签，注明网区名、点名、点号、观测单元号、时段号、文件名、采集日期、测量手簿编号等。两份存储介质应分别保存在由专人保管的防水、防静电的资料箱内。
（5）接收设备的内存数据文件在转录到外存介质上时，不得进行任何删改、编辑。

 习题

一、填空题

1. 坐标正算是指 _____。

2. 控制测量分为 _____ 和 _____ 控制测量，在面积小于 _____ 平方千米的范围内建立的控制网，称为小区域控制网。

3.坐标反算是根据两点的平面直角坐标推算_____和_____。

4.按不同的布设形式,单一导线的布设形式有_____、_____和支导线三种。

5.已知 AB 边的坐标方位角 $\alpha_{AB}=165°15'36''$,AB 边的水平距离 $D_{AB}=150.273$,A 点的坐标为(1560.000,1236.000),则 Δx_{AB} 为_____,Δy_{AB} 为_____,B 点 x 坐标为_____,B 点 y 坐标为_____。

二、选择题

1.下面关于控制网的叙述错误的是(　　　)。

A.国家控制网从高级到低级布设

B.国家控制网按精度可分为 A、B、C、D、E 五级

C.国家控制网分为平面控制网和高程控制网

D.直接为测图而建立的控制网,称为图根控制网

2.已知直线 AB 的起点 A 的坐标为(3526.236,4800.365),终点 B 的坐标为(3415.760,4923.126),则直线 AB 的方位角为(　　　)。

A.$48°00'54''$　　　　　　　　　　B.$131°59'06''$

C.$-48°00'54''$　　　　　　　　　D.$311°59'06''$

3.坐标增量是两点平面直角坐标之(　　　)。

A. 比　　　　　B. 和　　　　　C. 差　　　　　D. 积

4.已知 $\alpha_{AB}=312°00'54''$,$S_{AB}=105.22$,则 Δx、Δy 分别为(　　　)。

A.$70.43;78.18$　　　　　　　　　B.$70.43;-78.18$

C.$-70.43;-78.18$　　　　　　　D.$-70.43;78.18$

5.已知一导线的横坐标增量闭合差为 -0.08 m,纵坐标增量闭合差为 $+0.06$ m,导线全长为 392.90 m,则该导线的全长相对闭合差为(　　　)。

A.1/4911　　　　　B.1/6548　　　　　C.1/4000　　　　　D.1/3929

6.某闭合导线,观测的内角分别为 β_1、β_2、β_3、β_4,其角度闭合差 f_β 为(　　　)。

A.$(n+2)\cdot180°$　　　　　　　　B.$\sum\beta-(n-2)\cdot180°$

C.$(n-2)\cdot180°$　　　　　　　　D.$\sum\beta-(n+2)\cdot180°$

7.导线测量的外业工作是(　　　)。

A.选点、测角、量边　　　　　　　B. 埋石、造标、绘草图

C.距离测量、水准测量、角度测量　　D. 测角、量边

8.下列不属于用 GNSS 方法测定图根点平面坐标的定位方法是(　　　)。

A.经典静态　　　　　　　　　　　B. 快速静态

C.GNSS-RTK(实时动态)　　　　　D. GPS

三、计算题

闭合导线 $P_1 P_2 P_3 P_4 P_5 P_1$ 的已知数据和观测数据已填入表 1-3-8 中,试计算各待定导线点的坐标。

表 1-3-8 闭合导线 $P_1 P_2 P_3 P_4 P_5 P_1$ 坐标计算表

点号	角度观测值 ° ′ ″	方位角 ° ′ ″	边长/m	坐标增量/m Δx	坐标增量/m Δy	修正后的坐标增量/m Δx	修正后的坐标增量/m Δy	坐标/m x	坐标/m y
P_1	87 51 12							800.00	800.00
		156 45 30	107.61						
P_2	150 20 12								
			72.44						
P_3	125 06 42								
			179.92						
P_4	87 29 12								
			179.38						
P_5	89 13 42								
			224.50						
P_1									
$\sum$									

学习情境 4

施工测量

■ **教学目标**

学习目标：掌握施工测量基本工作的内容和方法，能结合工程建设具体要求开展施工平面控制网测量和施工放样工作，掌握点的平面位置测设的方法和应用，了解已知坡度线的测设方法。

功能目标：

1.掌握已知水平角、水平距离、已知高程测设的原理、方法及应用。

2.能根据工程建设实际技术要求，利用主流测绘仪器开展施工放样，建立施工控制网并加以运用。

3.掌握直角坐标法、极坐标法、后方交会法等点的平面位置测设方法及其适用条件。

4.能根据已知条件熟练开展放样数据的计算工作，并合理制定施工放样方案。

■ **工作任务**

1.能根据工程建设项目定位放线的需要，熟练计算放样数据，掌握建立施工控制网的方法，利用主流测绘仪器进行施工放样。

2.熟练运用全站仪开展定位放线工作。

3.能根据建筑总平面图和施工地区的地形条件、已有测量控制点的分布情况，合理布设施工控制网。

各项工程在施工阶段所进行的测量工作称为施工测量。施工测量贯穿于建筑施工阶段的全过程，其主要任务包括：施工控制网的建立；将图纸上设计的建（构）筑物的平面位置和高程在实地标定的放样工作；每道施工工序完工后通过测量检查各部位的实际位置及高程是否与设计相符的检查、验收测量，以及工程竣工后测绘各种建（构）筑物的实际情况的竣工测量；在施工期间测定建（构）筑物在平面和高程方面产生的位移和沉降的变形观测等。

放样工作也称测设，是指将图纸上设计好的建（构）筑物的特征点在实地标定出来的工作。竣工测量是建（构）筑物竣工验收时进行的测量工作，其主要成果是竣工总平面图、分类图、断面图，以及细部坐标和高程明细表等。变形观测是测定建（构）筑物及其地基在其本身荷重和外力的作用下随时间产生变形的工作，主要内容有沉降观测、位移观测、倾斜观测、裂缝观测和挠度观测等，通过将历次观测的结果进行比较来分析变形随时间发展的情况。变形观测是验证设计理论和检验施工质量的重要资料，是监测建筑安全与否的重要手段。

施工测量和测绘地形图一样，要遵循"从整体到局部""先控制后碎部"的原则，需在施工现场建立统一的平面控制网和高程控制网，并以此为基础，测设出各个建（构）筑物的细部。施工测量的精度要求取决于建（构）筑物的结构、大小、用途和施工方法等，一般来说，高程建筑的测量精度要高于多层建筑的测量精度，自动化厂房的测量精度要高于一般工业厂房的测量精度，钢结构建筑的测量精度要高于钢筋混凝土结构、砖石结构的测量精度。若测量精度不够，将可能造成工程质量事故。为了使测设点位正确无误，须认真执行自检、互检制度。

任务 1　施工测量的基本工作

测设是指根据已有的控制点或地物点，按工程设计要求，确定特征点与控制点或原有建筑物之间的角度、距离和高程的关系，这些位置关系称为测设数据，然后利用测量仪器，根据测设数据，将特征点测设到实地。施工测设的基本工作包括水平角测设、水平距离测设、点的平面位置和高程测设。

子任务1　已知水平角的放样

测设已知水平角就是根据水平角的已知数据和一个已知方向，把该角的另一个方向测设在地面上。

1. 一般方法

当角度测设的精度要求不高时，可用盘左、盘右取平均的方法获得欲测设的角度，这种方法称为正倒镜分中法，具体操作如下。

如图 1-4-1 所示，A 为已知点，AB 为已知方向，欲放样 β 角，标定 AC 方向。将经纬仪安置于 A 点，先用盘左位置照准 B 点，使水平度盘的读数为零，转动照准部，使水平度盘的读数恰好

为 β 值,在此视线上定出 C' 点;然后用盘右位置照准 B 点,重复上述步骤,测设 β 角,定出 C'' 点;最后取 $C'C''$ 的中点 C,则 $\angle BAC$ 就是要测设的 β 角。为了检核,应重新测定 $\angle BAC$ 的大小,并与已知的水平角值 β 进行比较,若相差值超过规定的范围,则应重新测设 β 角。

2. 精确方法

当角度测设的精度要求较高时,可用精确测设的方法。如图 1-4-2 所示,设 AB 为已知方向,先用一般测设方法按欲测设的角值测设出 AC 方向并定出 C 点,然后再用测回法多测回测量 $\angle BAC$,将这几个测回所测得的角度取平均值,就可以得到一个角度 β'。由于有误差的存在,设计值 β 与测设值 β' 之间必定有一个差值 $\Delta\beta$。量取 AC' 的距离为 $D_{AC'}$,计算垂距 e,即

$$e = D_{AC'}\tan\Delta\beta \approx D_{AC}\Delta\beta/\rho'' \qquad (4\text{-}1)$$

式中, $\rho'' = 206265''$。

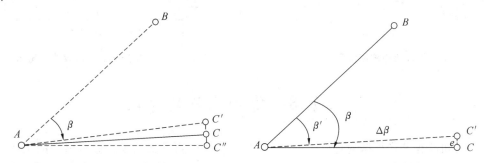

图 1-4-1　水平角测设的一般方法　　　　图 1-4-2　水平角测设的精确方法

从 C' 点作 AC 的垂线,以 C' 点为起点量取垂线距离 e,即得 C 点,此时 $\angle BAC = \beta$。操作时,若 $\Delta\beta < 0$,则应向内归化;反之,应向外归化。

子任务 2　已知距离的测设

测设已知水平距离是指从地面上的一个已知点开始,沿已知方向量出给定的实地水平距离,定出这段距离的另一个端点。已知距离的测设方法主要有两种:一是钢尺量距测设法,二是光电测距测设法。

1. 钢尺量距测设法

当测设精度要求不高时,可从起始点开始,沿给定的方向和长度,用钢尺量距,定出水平距离的终点。采用钢尺量距测设法测量水平距离如图 1-4-3 所示。为了校核,可将钢尺移动 $10\sim20\ \mathrm{cm}$,再测设一次。若两次测设之差在允许范围内,取平均位置作为最终的终点位置。当测设精度要求较高时,应使用检定过的钢尺,用经纬仪定线,根据给定的水平距离 D,经过尺长修正 ΔL_{d}、温度修正 ΔL_{t} 和倾斜修正 ΔL_{h} 后,计算出地面上应测设的距离 L,计算公式为

$$L = D - (\Delta L_{\mathrm{d}} + \Delta L_{\mathrm{t}} + \Delta L_{\mathrm{h}}) \qquad (4\text{-}2)$$

然后根据计算结果,用钢尺进行测设。

2. 光电测距测设法

钢尺量距测设法的测量精度是比较低的,现在用得最多的是光电测距测设法或者全站仪测

距测设法。目前水平距离的测设,尤其是长距离的测设,多采用全站仪。如图 1-4-4 所示,将全站仪安置于 A 点,反光棱镜在已知方向上移动,使全站仪的显示值略大于测设的距离,定出 C' 点。在 C' 点安置反光棱镜,测出水平距离 D'(必要时加测气象修正),求出 D' 与应测设的水平距离 D 之差 $\Delta D = D - D'$。根据 ΔD 的符号,在实地用钢尺沿测设方向将 C' 点改正至 C 点,并用木桩标定其点位。为了检核,应将反光棱镜安置于 C 点,再实测 AC 的距离,其不符值应在限差范围内,否则应再次进行改正,直至符合限差为止。

图 1-4-3 采用钢尺量距测设法测量水平距离

图 1-4-4 采用光电测距测设法测量水平距离

子任务 3 已知高程的测设

测设已知高程是指根据附近的水准点,将设计的高程测设到现场并标示出来的工作。高程测设主要用在场地平整、开挖基坑(槽)、测设楼层面、定道路(管道)中线坡度和定桥台桥墩的设计标高等场合。基础、门窗等的标高均已在建筑设计图和施工图中,为了方便计算,一般把建筑物的室内地坪用 ±0.000 表示,高程通常是以 ±0.000 为依据确定的。

高程测设的方法主要有水准测量法和全站仪高程测设法。水准测量法一般是采用视线高程法进行测设的。

如图 1-4-5 所示,假设在图纸上查得建筑物的室内地坪高程为 $H_{设}$,而附近有一水准点 R,其高程为 H_R,现要求把 $H_{设}$ 测设到木桩 B 上。在木桩 B 和水准点 R 之间安置水准仪,在 R 点上立尺,读数为 a,则水准仪的视线高程为 $H_i = H_R + a$,根据视线高程和地坪设计高程可算出 B 点尺上应有的读数为

$$b_{应} = H_i - H_{设} \tag{4-3}$$

然后将水准尺紧靠 B 点木桩的侧面上下移动,直到水准尺的读数为 $b_{应}$ 时,尺底处即为待求的测设高程位置,沿尺底在木桩侧面画线标定。

例如,设已知水准点的高程 H_R 为 27.349 m,B 点处待测设的高程 $H_{设}$ 为 28.000 m,仪器架设在两点之间,R 点水准尺上的读数 a 为 1.623 m,则仪器的视线高程为

$$H_i = H_R + a = (27.349 + 1.623) \text{ m} = 28.972 \text{ m}$$

则 B 点水准尺应得读数为

$$b_{应} = H_i - H_{设} = (28.972 - 28.000) \text{ m} = 0.972 \text{ m}$$

建筑工程施工过程中常会涉及开挖基槽或修建较高建筑,需向高处或低处传递高程,此时可用悬挂钢尺代替水准尺。如图 1-4-6 所示,欲根据地面水准点 A 测设坑内水准点 B 的高程,可在坑边架设吊杆,杆顶吊一根零点向下的钢尺,尺底挂重锤,在地面和坑内各架设一台水准仪,则 B 点的高程为

$$H_B = H_A + a_1 - (b_1 - a_2) - b_2 \tag{4-4}$$

式中，a_1、a_2、b_1、b_2为水准尺和钢尺读数。为便于检核，可改变钢尺的悬挂位置，再次观测。

图 1-4-5　测设已知高程

图 1-4-6　高程传递测设

子任务4　已知坡度线的测设

在修筑道路、敷设上下管道和开挖排水沟等工程的施工中，需要在地面上测设出所设计的坡度线，以指导施工人员进行工程施工。坡度线的测设所用的仪器一般有水准仪和经纬仪。

测设已知的坡度线时，若坡度较小，一般采用水准仪来测设；若坡度较大，一般采用经纬仪来测设。

坡度是指两点间的高差与其水平距离的比值。坡度可用百分率（％）或千分率（‰）表示。若坡度记为i，高差为h，两点间的水平距离为D，则有

$$i = \frac{h}{D}$$

如图 1-4-7 所示，设A、B为设计坡度线的两个端点，若已知A点的设计高程为H_A，现在要求从A点沿着AB方向测设出一条坡度为$-8‰$的坡度直线，A、B两点间的水平距离为D_{AB}，i为水准仪仪器高。采用水准仪倾斜视线法测设坡度线的步骤如下：

图 1-4-7　已知坡度线的测设

（1）先用已知高程测设法，根据附近已知的水准点，将涉及坡度线两端点的设计高程H_A、H_B测设于地面上，其中$H_B = H_A + i \cdot D_{AB} = H_A - 0.008 D_{AB}$。

（2）在A点安置水准仪，在B点立标尺，量取仪器高i，安置水准仪时，注意使其中一个脚螺旋在AB方向线上，另两个脚螺旋的连线大致与AB方向线垂直。

（3）旋转AB方向上的脚螺旋和微倾螺旋，使B点标尺上的读数为仪器高i，此时水准仪的倾斜视线与设计坡度线平行。当中间隔一定距离（一般为 10 m）打下的各桩点 1、2、3、4 上的标尺读数均为仪器高i时，尺底即为该桩的设计高程，则各桩点顶部的连线就是待测设的设计坡度线，并可根据各桩点水准尺的实际读数计算各桩处的填挖高度为$i - b_{读}$。当$i = b_{读}$时，不挖不填；当$i < b_{读}$时，需填；当$i > b_{读}$时，需挖。

若A、B两点间的距离比较远，还需在A、B两点间加密一些桩点来满足施工要求。

任务 2 地面点的平面位置测设

点的平面位置测设常用的方法有直角坐标法、极坐标法、交会法、全站仪坐标放样法,方法的选取应根据控制网的形式、现场情况、拥有的仪器及精度要求等综合选择。

1. 直角坐标法

当施工场地有相互垂直的主轴线或建筑方格网时,多采用直角坐标法。如图 1-4-8 所示,设需测设设计图上的待测点 P,P 点相对于场地上的控制点(Ⅰ、Ⅱ、Ⅲ、Ⅳ)的坐标增量 Δx、Δy 为测设数据。施测时,先在Ⅰ点安置经纬仪,以Ⅱ点定向,沿视准轴方向测设 Δy;再在 a 点安置经纬仪,以Ⅰ点或Ⅱ点定向,拨转 90°角,作直线ⅠⅡ的垂线,并在此垂线上量取 Δx 距离,桩钉 P 点。

2. 极坐标法

极坐标法是指根据一个角度和一段距离测设点的平面位置。此法适用于测设距离较短,且便于量距的情况。如图 1-4-9 所示,A、B 为已知平面控制点,其坐标分别为 $A(x_A,y_A)$、$B(x_B,y_B)$,P、Q、R、S 为设计的建筑物特征点,其坐标分别为 $P(x_P,y_P)$、$Q(x_Q,y_Q)$、$R(x_R,y_R)$、$S(x_S,y_S)$。可根据 A、B 两点测设 P、Q、R、S 点。以测设 P 点为例,测设方法如下。

图 1-4-8 采用直角坐标法测设点的平面位置

图 1-4-9 采用极坐标法测设点的平面位置

1)计算测设元素

测设元素包括两个:一个是水平夹角 β,另一个是水平距离 D。水平距离 D 通过两点间的距离公式计算,水平夹角 β 通过坐标方位角与水平角间的关系计算。

(1)依据坐标反算计算 α_{AB} 和 α_{AP},即

$$\alpha_{AB} = \arctan \frac{y_B - y_A}{x_B - x_A} = \arctan \frac{\Delta y_{AB}}{\Delta x_{AB}} \tag{4-5}$$

$$\alpha_{AP} = \arctan \frac{y_P - y_A}{x_P - x_A} = \arctan \frac{\Delta y_{AP}}{\Delta x_{AP}} \tag{4-6}$$

（2）计算 AP 与 AB 间的夹角，即

$$\beta = \alpha_{AB} - \alpha_{AP} \tag{4-7}$$

（3）计算 A、P 两点间的水平距离，即

$$D_{AP} = \sqrt{(x_P - x_A)^2 + (y_P - y_A)^2} = \sqrt{(\Delta x_{AP})^2 + (\Delta y_{AP})^2} \tag{4-8}$$

2）具体测设步骤

（1）在测站点 A 处安置全站仪或经纬仪，瞄准后视点 B 定向，水平度盘置零。

（2）逆时针转动 β 角，得到测设点 P 到测站 A 的连线方向。

（3）从 A 点出发，沿着 AP 方向量取一个水平距离 DAP，得到 P' 点。

（4）为了检查测设精度，可以按照同样的方法重复一次，得到 P'' 点。如果两次测设点位的误差在一定的范围内，则取 $P'P''$ 的中点，得到 P 点。

3）相关检核

用同样的方法测设 Q、R、S 点。待四个点全部测设完毕后，可量取 PR、SQ 的实地距离，将其与通过两点坐标计算所得距离进行对比，在误差允许范围内即可。也可通过测定各直角的大小来检核测设的准确性。

3. 交会法

交会是加密控制点的常用方法，它可以在数个已知控制点上设站，分别向待定点观测方向或距离，也可以在待定点上设站，向数个已知控制点观测方向或距离，最后计算出待定点的坐标。常用的交会法有前方交会、后方交会和测边交会等。

1）前方交会

前方交会是在已知控制点上设站来观测水平角，根据已知控制点的坐标和观测角值，计算待定点坐标的一种方法。如图 1-4-10 所示，在已知点 $A(x_A, y_A)$、$B(x_B, y_B)$ 上安置经纬仪（或全站仪），分别向待定点 P 观测水平角 α 和 β，便可以计算出 P 点的坐标。为保证交会定点的精度，在选定 P 点时，应使交会角 γ 处于 $30° \sim 150°$ 范围内，最好接近 $90°$。

当 A、B、P 点按逆时针排列时，待定点 P 的坐标计算公式为

$$\begin{cases} x_P = \dfrac{x_A \cdot \cot\beta + x_B \cdot \cot\alpha + (y_B - y_A)}{\cot\alpha + \cot\beta} \\ y_P = \dfrac{y_A \cdot \cot\beta + y_B \cdot \cot\alpha - (x_B - x_A)}{\cot\alpha + \cot\beta} \end{cases} \tag{4-9}$$

当 A、B、P 点按顺时针排列时，待定点 P 的坐标计算公式为

图 1-4-10　前方交会

$$\begin{cases} x_P = \dfrac{x_A \cdot \cot\beta + x_B \cdot \cot\alpha - (y_B - y_A)}{\cot\alpha + \cot\beta} \\ y_P = \dfrac{y_A \cdot \cot\beta + y_B \cdot \cot\alpha + (x_B - x_A)}{\cot\alpha + \cot\beta} \end{cases} \tag{4-10}$$

在实际工作中，为了检核交会点的精度，通常从三个已知点 A、B、C 分别向待定点 P 进行角度观测，分成两个三角形，利用余切公式计算交会点 P 的坐标。若两组计算出的坐标较差 e 在允许的限差范围内，则取两组坐标的平均值作为待定点 P 的最后坐标。对于图根控制测量，两

组坐标较差的限差规定为不大于两倍测图比例尺精度,即

$$e = \sqrt{(x_P' - x_P'')^2 + (y_P' - y_P'')^2} \leqslant 2 \times 0.1 \times M \quad (mm) \tag{4-11}$$

式中,M 为测图比例尺分母。

2)后方交会

后方交会是在待定点设站,观测三个已知控制点的水平角,从而计算待定点的坐标的一种方法。

图 1-4-11 后方交会

图 1-4-11 所示为后方交会,图中 A、B、C 为已知控制点,P 为待定点,通过在 P 点安置仪器,观测水平角 α、β、γ 和检查角 θ,即可唯一确定出 P 点的坐标。

注意,当待定点 P 处于 A、B、C 所构成的圆周上时,P 点的位置将无法确定。测量上称此外接圆为危险圆。因此,在选择 P 点时,要使其至危险圆的距离大于圆周半径的 $1/5$。

后方交会的计算方法有多种,下面只给出一种实用公式。

在图 1-4-11 中,在 P 点对 A、B、C 三点观测的水平角为 α、β、γ。设 A、B、C 三个已知点的平面坐标为 (x_A, y_A)、(x_B, y_B)、(x_C, y_C),其中 $\triangle ABC$ 的三个内角 $\angle A$、$\angle B$、$\angle C$ 可通过坐标反算计算得出。

令

$$\begin{cases} P_A = \dfrac{1}{\cot A - \cot \alpha} = \dfrac{\tan \alpha \tan A}{\tan \alpha - \tan A} \\[2mm] P_B = \dfrac{1}{\cot B - \cot \beta} = \dfrac{\tan \beta \tan B}{\tan \beta - \tan B} \\[2mm] P_C = \dfrac{1}{\cot C - \cot \gamma} = \dfrac{\tan \gamma \tan C}{\tan \gamma - \tan C} \end{cases} \tag{4-12}$$

则待定点 P 的坐标计算公式为

$$\begin{cases} x_P = \dfrac{P_A \cdot x_A + P_B \cdot x_B + P_C \cdot x_C}{P_A + P_B + P_C} \\[3mm] y_P = \dfrac{P_A \cdot y_A + P_B \cdot y_B + P_C \cdot y_C}{P_A + P_B + P_C} \end{cases} \tag{4-13}$$

实际作业时,为提高精度、避免发生错误,通常应将 A、B、C、D 四个已知点分成两组,并观测出交会角,计算出待定点 P 的两组坐标值,求其较差。若较差在限差范围内,取两组坐标值的平均值作为待定点 P 的最终平面坐标。

3)测边交会

测边交会是一种测量边长交会定点的方法。

如图 1-4-12 所示,A、B、C 为三个已知点,P 为待定

图 1-4-12 测边交会

点,S_{AP}、S_{BP}、S_{CP} 为边长观测数据。

依据已知点的坐标,按坐标反算法可求得已知边的坐标方位角 α_{AB}、α_{CB} 和边长 S_{AB}、S_{BC}。

在 $\triangle ABP$ 中,由余弦定理得 $\cos A = \dfrac{S_{AB}^2 + S_{AP}^2 - S_{BP}^2}{2S_{AP} \cdot S_{AB}}$,$AP$ 的坐标方位角 $\alpha_{AP} = \alpha_{AB} - \angle A$,则

$$\begin{cases} x_P = x_A + S_{AP} \cdot \cos\alpha_{AP} \\ y_P = y_A + S_{AP} \cdot \sin\alpha_{AP} \end{cases} \tag{4-14}$$

实际作业时,为提高精度、避免发生错误,通常对 $\triangle ABP$ 和 $\triangle BCP$ 进行观测,计算出待定点 P 的两组坐标值,求其较差。若较差在限差范围内,取两组坐标值的平均值作为待定点 P 的最终平面坐标。

4. 全站仪坐标放样法

全站仪坐标放样法的本质是极坐标法,它适合各类地形情况,而且精度高,操作简便,在生产实践中已被广泛采用。放样前,使全站仪处于放样模式,向全站仪输入测站点坐标、后视点坐标(或方位角),再输入放样点坐标,按坐标放样功能键,则可立即显示当前棱镜位置与放样点位置的坐标差。准备工作完成之后,用望远镜观察棱镜,使之在测设方向线上,根据显示的距离差值,沿测设方向线前后移动棱镜。反复调整,最终使所显示的各差值为零,这时棱镜所对应的位置就是放样点位置,然后在地面做标记。放样后注意检核,确认放样是否在规定的误差允许范围内,具体规定详查《工程测量规范》(GB 50026—2007)。

任务 3 施工控制测量

在勘测设计阶段布设的控制网主要是为测图服务的,控制点的点位并未考虑待建建筑物的总体布置,在点位的分布与密度方面都不能满足放样的要求。在测量精度上,施工控制网的精度要根据工程建设的性质来决定,通常要高于测图控制网的精度。因此,为了进行施工放样测量,必须以测图控制点为定向条件来建立施工控制网。

施工控制网分为平面控制网和高程控制网两种,前者常采用三角网、导线网、建筑基线或建筑方格网等,后者则采用水准。如图1-4-13所示,施工控制网的布设应根据建筑总平面图和施工地区的地形条件、已有的测量控制点的分布情况、施工方案等诸多因素来确定。例如:对于地形起伏较大的山区和丘陵地区,可采用三角网、边角网及GPS网;对于地势平坦的地区、通视条件困难的地区,如改扩建的施工场地,或建筑物分布很不规则,则可采用导线、导线网或GPS网;对于扩建或改建工程的工业场地,则采用导线或导线网;对于建筑物多为矩形且布置比较规则和密集的工业场地,可以将施工控制网布置成规则的矩形格网,即建筑方格网;对于地势平坦而又简单的小型施工场地,常布置一条或几条建筑基线。施工控制网具有以下特点:控制范围小,控制点的密度大,精度要求高;受施工干扰较大;布网等级宜采用两级,即首先建立布满整个工地的厂区控制网,目的是放样各个建筑物的主要轴线,然后进行厂房或主要生产设备的细部放样,还要根据由厂区控制网所确定的厂房主轴线建立厂房矩形控制网。

图 1-4-13　施工控制网的形式

高程控制网一般为施工场地建立的水准网,水准网应与国家水准点联测。水准点的密度尽可能满足安置一次仪器即可测设出所需高程的要求,水准点距离回填土边沿应大于15 m,距离建(构)筑物宜不小于 25 m,各点间距宜小于 1 km。对于中小型施工场地和连续性的生产车间,一般可分别用水准仪按四等和三等水准测量方法测定水准点的高程。由于有些水准点可能受施工、开挖等的影响而发生移动或被破坏,建筑场地内通常设置两种类型的水准点,即基本水准点和施工水准点。基本水准点一般埋设在不受施工影响、不被破坏、免受震动、便于施测和永久保存的地方,常用于检验其他水准点是否发生变动之用,建设场地不大时,通常埋设三个基本水准点。直接用以测设建筑物的高程的点称为施工水准点,通常用方格网标桩加设圆头钉表示。

一般工业与民用建筑物的高程在测设精度方面的要求并不高,常采用四等或等外水准测量方法测量由基本水准点和施工水准点组成的水准路线。

因此,施工控制网的布设应作为整个工程施工设计的一部分。布网时,必须考虑施工的程序、方法,以及施工场地的布置情况。施工控制网的设计点位应标注在施工设计的总平面图上。

子任务1　建筑基线法测设施工控制网

对于比较简单的施工场地,常布设一条或几条建筑基线作为施工测量的平面控制。

1. 建筑基线的布设

建筑基线根据建筑物的分布、场地地形等因素布设,常用的布设形式有三点一字形、四点 L 字形、四点 T 字形、五点十字形,如图 1-4-14 所示。

2. 施工控制点的坐标换算

为了便于建(构)筑物的设计和施工放样,在设计总平面图上,建筑物的平面位置常用施工坐标系(也称建筑坐标系)来表示。所谓施工坐标系,就是以建(构)筑物的主要轴线作为坐标轴而建立的局部坐标系,其坐标轴通常与建(构)筑物主轴线的方向一致,坐标原点设在总平面图的西南角上,纵轴记为 A 轴,横轴记为 B 轴,用 A、B 坐标标定各建(构)筑物的位置。如

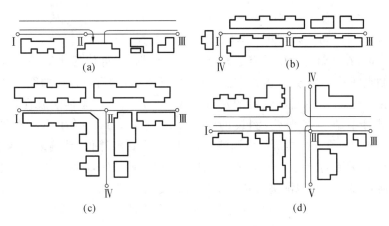

图 1-4-14　建筑基线的布设形式

图 1-4-15 所示，AOB 为施工坐标系，xoy 为测图坐标系。设 Ⅱ 点为建筑基线上的主点，它在施工坐标系中的坐标为 $(A_Ⅱ,B_Ⅱ)$，在测图坐标系中的坐标为 $(x_Ⅱ,y_Ⅱ)$，施工坐标系的原点 O 在测图坐标系中的坐标为 (x_O,y_O)，α 为 x 轴与 A 轴的夹角。将点 Ⅱ 的测图坐标换算为施工坐标，换算公式为

$$\begin{cases} A_Ⅱ = (x_Ⅱ - x_O)\cos\alpha + (y_Ⅱ - y_O)\sin\alpha \\ B_Ⅱ = -(x_Ⅱ - x_O)\sin\alpha + (y_Ⅱ - y_O)\cos\alpha \end{cases} \tag{4-15}$$

3. 建筑基线的测设方法

1）根据建筑红线测设建筑基线

在城市规划区内建设时，建筑用地的边界由城市规划部门在现场直接标定。如图 1-4-16 所示，Ⅰ、Ⅱ、Ⅲ点为规划部门标定出的临界点，其连线 ⅠⅡ、ⅡⅢ 通常为正交的直线，称为建筑红线。一般情况下，建筑基线与建筑红线平行或垂直，故可根据建筑红线用平行推移法测设建筑基线。

图 1-4-15　施工控制点的坐标换算

图 1-4-16　根据建筑红线测设建筑基线

当把 A、O、B 三点在地面上用木桩标定后，将经纬仪安置于 O 点，观测 $\angle AOB$ 是否等于 $90°$，其不符值应不超过 $\pm20''$。校核 OA、OB 的长度是否等于设计长度，其不符值应不大于 $1/1000$。若误差在许可范围内，则适当调整 A、B 点的位置；若误差超限，应检查推平行线时的

测设数据。

2）根据附近已有控制点测设建筑基线

对于新建筑区,在建筑场地中没有建筑红线作为依据时,可依据建筑基线点的设计坐标和附近已有的控制点间的关系,选择测设方法,算出放样数据,然后放样。如图1-4-17所示,A、B为附近的已有控制点,Ⅰ、Ⅱ、Ⅲ为选定的建筑基线点。可采用极坐标法放样,具体放样方法如前文所述。但由于存在测量误差,测设的建筑基线点Ⅰ′、Ⅱ′、Ⅲ′往往不在同一直线上,如图1-4-18所示,因此必须进行建筑基线调整。在Ⅱ′点安置经纬仪,精确地检测出∠Ⅰ′Ⅱ′Ⅲ′。若此角值与180°之差超过±15″,则应对点位进行调整。调整时,应将Ⅰ′、Ⅱ′、Ⅲ′点沿与建筑基线垂直的方向各移动相同的调整值δ。调整值按下列公式计算,即

$$\delta = \frac{ab}{a+b}\left(90° - \frac{\angle Ⅰ′Ⅱ′Ⅲ′}{2}\right)\frac{1}{\rho''} \qquad (4\text{-}16)$$

式中,δ为各点的调整值,a、b分别为ⅠⅡ、ⅢⅢ的长度。

图1-4-17 根据已有控制点测设建筑基线

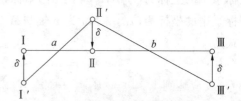

图1-4-18 建筑基线的调整

子任务2 建筑方格网法测设施工控制网

对于建筑物密集和建筑物布置较规则的大中型场地,常布设正方形或矩形的格网作为施工控制网,即建筑方格网。

1. 建筑方格网的布设要求

建筑方格网的布设应根据建筑物、道路、管线的分布情况,并结合场地地形等因素,先选定方格网的主轴线,再全面布设建筑方格网。布设时应使建筑方格网的主轴线位于建筑场地的中央,并且应接近精度要求较高的建筑物;建筑方格网点之间应能长期保持通视,并要接近测设的各建筑物;在满足使用要求的前提下,为节约人力和材料,建筑方格网点数应尽量少。如图1-4-19所示,MN、CD为建筑方格网的主轴线,A、O、B为轴线主点。主点的坐标一般由设计单位给出,也可在总平面图上用图解法求得。

2. 建筑方格网的测设

如图1-4-20所示,首先根据原有控制点的坐标与主轴点的坐标计算出测设数据,然后测设主轴线点,其方法与测设建筑基线的方法相同。测设的主轴线所形成的角度∠ABC与180°的差值,应在±5″之内,否则应进行调整。将经纬仪安置在B点,瞄准A点,分别向左、向右转动90°,测设另一主轴线DBE,根据主轴线点间的距离,在地上定出$D′$、$E′$点的大概位置,

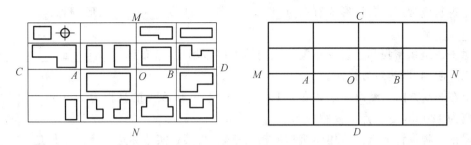

图 1-4-19　建筑方格网

然后精确测出 $\angle ABD'$、$\angle ABE'$，分别算出它们与 $90°$ 之差 $\Delta\beta_1$ 和 $\Delta\beta_2$，若较差超过 $\pm 10''$，则按下式计算方向调整值 DD'、EE'，即

$$l_i = L_i \times \frac{\Delta\beta_i''}{\rho''} \tag{4-17}$$

将 D' 点沿垂直于 BD' 方向移动 DD' 距离，从而得到 D 点。同理可得到 E 点。当 $\Delta\beta_1$ 为负值时，沿顺时针修正点位；反之，沿逆时针修正点位。修正点位后，应检测两主轴线的交角是否为 $90°$，其较差应小于 $\pm 10''$，否则应重复调整。另外还需校核主轴线点间的距离，精度应达到 $1/10\,000$。

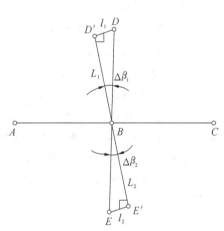

图 1-4-20　主轴线放样及调整

主轴线测设完成后，可以进行方格网点的放样。可分别在主轴线端点安置经纬仪，以 B 点为起始方向，分别向左、向右精密地测设出 $90°$，这样就形成田字形方格网点，并精确测量其角值，检核其是否为 $90°$，测量出各相邻点间的距离，看是否与设计边长相等，或判断误差是否在允许的范围内，以进行校核。此后再以基本方格网点为基础来加密方格网中的其余各点。最后应埋设永久性标志。

 习题

一、填空题

1.坐标正算是指 _____，坐标反算是指根据两点的平面直角坐标推算 _____ 和 _____。

2.已知 AB 边的坐标方位角为 $165°15'36''$，AB 边的水平距离为 240 m，A 点的坐标为 $(1000.000,1000.000)$，则为 _____，为 _____，B 点的坐标为 _____。

3.测设的基本工作包括 _____、_____、_____、_____。

4.点的平面位置测设常用的方法有 _____、_____、_____、_____，方法根据 _____、_____、_____、_____ 等因素综合选择。

5.施工控制网分为 _____ 和 _____ 两种，前者常采用三角网、导线网、_____ 或 _____ 等，后者则采用 _____。

6.建筑基线常用的布设形式有三点_____字形、四点_____字形、四点_____字形、五点_____字形。

7.对于建筑物密集和建筑物布置较规则的大中型场地,常布设_____或_____的格网作为施工控制网,即建筑方格网。

8.要在 AB 方向上测设一条坡度为1‰的坡度线,已知 A 点的高程为24.050 m, AB 的实地水平距离为120 m,则 B 点的高程应为_____m。

9.根据工程设计图纸上待建建筑物的相关参数,将其在实地标定出来的工作是_____
_____。

二、计算题

1.已知 $\alpha_{AB}=300°04'00''$, $x_A=14.25$ m, $y_A=86.78$ m, $x_1=44.25$ m, $y_1=56.78$ m, $x_2=54.22$ m, $y_2=101.41$ m,现将仪器安置于 A 点,用 B 点定向,利用极坐标法测设1、2两点,试计算测设数据,并计算出检核角与各边的长度。

2.测量控制点 A、B,测设点1、2、3的坐标分别为 $x_A=400$ m, $y_A=495$ m, $x_B=500$ m, $y_B=500$ m, $x_1=481.04$ m, $y_1=500.36$ m, $x_2=495.72$ m, $y_2=497.28$ m, $x_3=510.40$ m, $y_3=494.20$ m,现将仪器安置于 B 点,用 A 点定向,利用极坐标法测设1、2、3点,试:(1)作出示意图;(2)求测设数据;(3)简述测设过程;(4)计算 D_{12}、D_{23},以备现场检查用。

3.利用高程为9.531 m的已知水准点,测设高程为9.880 m的室内±0.000的地坪标高,用一木杆立在水准点上,按水准仪水平视线在木杆上画一条线,问在此木杆上的什么位置再画一条线才能使视线对准此线时木杆底部就是标高位置?

4.如图1-4-21所示,测得 $\beta=180°00'36''$, $a=155.0$ m, $b=101.0$ m,试求 A'、B'、O' 三点的调整移动量。

图1-4-21 题4图

5.如图1-4-22所示,建筑基线的控制点 E 的坐标为 $x_E=400$, $y_E=400$,现欲根据 E 点放样 P 点($x_P=350$, $y_P=450$), EF 的方位角 $\alpha_{EF}=237°45'30''$,试求用极坐标法测设 P 点所需的数据 β 角和 EP 边长。

图1-4-22 题5图

6.如图1-4-23所示,水准点 A 的高程为17.500 m,要测设的基坑水平桩 C 点的高程为

13.960 m,设 B 点为基坑的转点,将水准仪安置在 A、B 间时,其后视读数为 0.762,前视读数为 2.631 m,将水准仪安置在基坑底时,把水准尺倒立于 B、C 点,得到后视读数为 2.550 m,试问当前视读数为多少时尺底就是测设的高程位置?

图 1-4-23　题 6 图

学习情境 5

建筑物施工测量

教学目标

学习目标：通过学习民用建筑和工业建筑施工测量的内容和方法，能结合建筑工程实际情况开展建筑施工控制网测量和定位放样等工作，了解建筑物变形观测的主要内容，掌握高层建筑施工测量的方法。

功能目标：

1. 掌握民用建筑施工测量的内容，能结合工程实际开展施工放样工作。

2. 能结合工程建设实际要求，掌握基础施工各项测量工作的内容与方法。

3. 掌握工业建筑施工测量的工作内容，能结合工程实际开展施工放样工作。

4. 了解建筑物变形观测的主要内容。

工作任务

1. 能根据民用建筑定位放线的需要，合理制定施工放样方案，掌握利用全站仪等主流测绘仪器进行建筑物定位、放线的方法。

2. 能熟练采用龙门板法及轴线控制桩法进行建筑物细部轴线测设。

3. 能根据施工现场情况和建筑物图纸要求，熟练开展建筑物桩基础中心测设、基础施工测量，能根据需要进行基槽开挖边线和开挖深度的测设。

4. 能开展建筑物主体施工测量。

5. 能根据施工图纸进行工业建筑厂房控制网测设，柱列轴线测设、构建及设备安装测量等工作。

任务 **1** 民用建筑施工测量

民用建筑种类繁多,可分为单层建筑、多层建筑和高层建筑,根据其结构特征,其放样的方法和精度要求有所不同,但放样过程基本相同。

民用建筑施工测量的主要工作包括施工放样资料准备、建筑物定位、建筑物细部轴线测设、基础施工测量和主体施工测量等。

1. 施工放样准备工作

民用建筑与工业建筑施工放样时均应准备下列材料:建筑物的设计与说明,总平面图,基础平面图,基础大样图,建筑物平、立、剖面图,管网图,建筑物结构图等。

在测设前应熟悉设计图纸,并计算必要的测设数据。如作为测设建筑物总体定位的依据,建筑总平面图上可以提供拟建建筑物与原有建筑物的平面位置和高程的关系。从建筑平面图中可以查取该建筑物的总尺寸以及内部各定位轴线之间的关系尺寸,这些数据是施工测设的必备数据,应确保准确。从基础平面图中可以查取基础边线与定位轴的平面尺寸,可为基础轴线测设提供数据。从基础详图中可以查取基础立面尺寸和设计标高,可为基础高程测设提供数据。从建筑物的立面图和剖面图中可以查取基础、地坪、门窗、楼板、屋架和屋面等的设计高程,便于该施工中的高程测设。

根据设计要求和施工进度计划,结合现场地形和控制网的布设情况,确定建筑物的测设方案。从建筑总平面图、建筑物平面图、基础平面图及详图中获取相关测设数据,并绘制建筑物定位及细部测设略图,制定测设方案。

施工场地确定后,有时为了保证生产、运输有良好的联系以及合理组织排水,一般要对场地的自然地形加以平整、改造。平整场地通常采用方格网法。

2. 建筑物定位

建筑物定位是指在实地标定建筑物外廓轴线交点的工作。测设前应做好相关准备工作:分析设计图纸、现场踏勘、拟定放样方案、检测测量控制点、绘制放样略图等。

建筑物定位后,应进行检核,并经规划部门验线后方能继续施工,其主要测量方法包括:

1)根据测量控制点测设轴线交点的平面位置

根据附近已有的控制点、待测设轴线交点的量距和测角方便情况选择测设方法,常用的测设方法有极坐标法、全站仪点位放样法和交会法。

2)根据建筑基线、建筑红线或建筑方格网定位

如果施工现场已测设出建筑基线、建筑红线或建筑方格网,则可根据其中的一种来进行建筑物定位。

3)根据原有建(构)筑物的关系定位

根据设计图上给出的拟建建筑物与原有建筑物或道路中心线的位置关系数据,建筑物的主

轴线就可根据给定的数据在现场测设,如图 1-5-1 所示。

(a)   (b)   (c)

图 1-5-1　根据原有建筑物进行定位

3. 建筑物细部轴线测设

建筑物细部轴线测设是指根据建筑物定位的轴线交点桩详细测设建筑物各轴线的交点桩,然后根据测设的轴线,用白灰画出基槽边界线的工作,也称为建筑物放线。由于施工时要开挖基槽,各轴线交点桩均要被挖掉,因此,在开挖基槽前把各轴线延伸到槽外,在施工的构筑物的周围设置龙门板或轴线控制桩,以方便挖后恢复各轴线。

图 1-5-2　龙门板的设置

1) 设置龙门板

一般在小型民用建筑施工中,常在基槽外 1~1.5 m 处钉设龙门板,如图 1-5-2 所示,具体步骤为:

(1) 在建筑物四角与中间纵、横隔墙两端的一定距离处钉设龙门板,钉设木桩侧面与基槽平行。

(2) 根据建筑场地附近的已知水准点,采用高程测设法,在每个龙门桩上测设±0.000 的标高线。若现场条件不许可,也可测设比±0.000 高或低一定数值的标高线。一般同一建筑物选用同一高程。地形起伏时,若选用两个高程,则一定要标记清楚。

(3) 沿龙门桩上的±0.000 高程线钉设龙门板,使龙门板顶面的高程在同一个水平面上,龙门板标高测定的容许误差一般为±5 mm。

(4) 根据轴线桩,用经纬仪将墙、柱的轴线投测到龙门板顶面上,并钉小铁钉(轴线钉)标识,其中投测点的误差允许值为±5 mm。

(5) 各轴线钉检验合格后,可以轴线钉为准,将墙宽、基槽宽标示在龙门板上,最后根据基槽上口宽度拉线撒出基槽开挖边线。

2) 测设轴线控制桩

当施工场地较大,要进行机械化施工时,一般只测设轴线控制桩,而不测设龙门板。如图 1-5-3 所示,在各轴线的延长线上测设轴线控制桩,根据需要有时还在轴线控制桩的延长线上测设引桩。引桩一般在距离基槽边线 2~4 m 的地方设置,在多层建筑中,为便于向上投测,应在较远的地方设定,有时可设置在附近固定的建筑物中。在大型建筑物放线过程中,为保证测设精度,一般先测引桩,再根据引桩测设轴线桩。

图 1-5-3　轴线控制桩的测设

4. 建筑物基础施工测量

1）基槽挖土放线

按照基础大样图上的基槽宽度再加上口放坡的尺寸,由桩中心向两边各量出相应的尺寸,在量出的尺寸处做记号,在记号处拉细线,然后沿细线撒上白灰,就可按画出的范围进行挖土。

2）基槽开挖深度的控制

测设基槽标高时,应控制好开挖深度,一般不宜超挖。当基槽开挖至接近设计标高时,在基槽壁上每隔 2～3 m 和拐角处测设一些距离槽底为设计标高整数倍(如 0.5 m)的水平桩,并沿水平桩在槽壁上弹线作为挖槽深度、修平槽底和铺设基础垫层的依据。水平桩一般根据施工现场已测设的±0.000 标高或龙门板顶面标高,用水准仪按高程基坑测设的方法测设,如图 1-5-4所示。

3）垫层施工测设

垫层施工测设的主要工作为垫层高程控制和垫层面中线测设。为了控制垫层标高,需在基槽壁上测设垫层水平桩,沿水平桩弹出水平墨线或拉上线绳,以此水平线直接控制垫层标高。也可用水准点或龙门板顶的已知高程,直接用水准仪来控制垫层标高。基础垫层打好后,在龙门板轴线小钉或轴线控制桩上拉线绳挂垂球,或用经纬仪将轴线投到垫层上,并用墨线弹出墙中心线和基础边线,作为砌筑基础的依据。

4）基础施工测量

基础底面至室外地坪的垂直距离称为基础埋深。基础按埋深的不同,可分为浅基础和深基础。浅基础由垫层、大放脚及基础墙构成。浅基础施工测量的主要内容为基础高程控制和基础面轴线恢复测设。

浇筑基础时均要立模,故可将基础各层高程利用水准仪从±0.000 地坪标高处引测到基础拐角位置的模板内壁上,打小钉并弹出墨线,以控制当层高程,直至基础面。高程测量误差应控制在±3 mm 内。有时采用砖基础施工时,可用皮数杆控制,如图 1-5-5 所示。垫层做完后,根据龙门板或轴线控制桩的基础设计宽度,在垫层上弹出中心线及边线,放线时应严格校核尺寸。为防止砌筑基础大放脚收分不均而造成轴线位移,在大放脚砌筑完后,应及时复核轴线,确认无误后方可砌筑基础墙。

图 1-5-4　基槽开挖深度的控制　　　　图 1-5-5　基础皮数杆施测

基础施工完成后,应在基础面上恢复轴线,并检查四个主要交角是否等于90°,同时检查各轴线距离,确认无误后,可将轴线延长至基础外墙侧面上,进行墙体施工。

5. 建筑主体施工测量

建筑主体施工测量的主要工作是将建筑物标高和轴线正确地向上引测。随着当前高层建筑的增多,该项测量工作越发显得重要。

图 1-5-6　墙体定位

1)墙体定位

利用轴线控制桩或龙门板上的轴线和墙边线标志,用拉细线绳挂垂球的方法或用经纬仪将轴线投测到基础面或防潮层上,然后用墨线弹出墙中线和墙边线。检查外墙轴线交角是否等于90°,符合要求后,把墙轴线延伸并画在外墙基础上,作为向上投测轴线的依据,如图1-5-6所示。同时把门、窗和其他洞口的边线在外墙基础立面上画出。

2)墙体标高控制

在砌墙体时,先在基础上根据定位桩(或龙门板上的轴线)弹出墙的边线和门洞的位置,并在建筑物的拐角和隔墙处竖立皮数杆,并使皮数杆的±0.000标高与室内地坪标高相吻合。当墙的边线在基础上弹出以后,就可根据墙的边线和皮数杆砌墙。当墙砌到窗台时,在外墙面量出窗的位置,并预留窗洞的位置,通常只要按设计图上的窗洞尺寸砌墙即可。此外,要在内墙面上高出室内地坪标高20~30 cm的地方用水准仪测出一条标高线,并在内墙面的周围弹墨线标示,作为检查楼板底面的标高、室内地坪和安装门窗等的标高位置的依据。

3)楼层轴线投测与高程传递

建筑物轴线投测的目的是确保建筑物各层相应的轴线位于同一竖直面内。投测建筑物主轴线时,应在建筑物的底层或墙的侧面设立轴线标志,以供上层投测之用。要控制轴线向上投测的竖直偏差值在本层内不超过5 mm,全楼的累计偏差值不超过20 mm。

(1)楼层轴线投测。

① 经纬仪(或全站仪)投测法。

建筑物尤其是高层建筑物的基础工程完工后,需用经纬仪或全站仪将建筑物的主轴线精确地投测到建筑物底部,并设标志,以供下一步施工与向上投测用。随着建筑物的增高,要逐层将轴线向上投测传递。向上投测传递轴线时,将经纬仪或全站仪安置在远离建筑物的轴线控制桩上,分别以正、倒镜两个盘位照准建筑物底部所设的轴线标志,向上投测到每层楼面上,取正、倒镜两投测点的中点,即得投测在该层上的轴线点。按此方法分别在建筑物纵、横主轴线的四个轴线控制桩上架设经纬仪或全站仪,就可在同一层楼面上投测出四个轴线点。如图 1-5-7 所示,楼面上纵、横轴线点连线的交点,就是该层楼面的投测中心。

当楼层逐渐增高时,由于轴线控制桩离建筑物较近,经纬仪或全站仪向上投测的仰角增大,故投点误差也随之增大,投点精度降低,且观测操作不方便。因此,必须将主轴线控制桩引测到远处的稳固地点或附近大楼的屋面上,以减小仰角,可采用图 1-5-8 所示的引桩投测法。

图 1-5-7 轴线投测

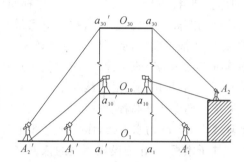

图 1-5-8 引桩投测法

将经纬仪或全站仪安置在已经投测的较高层(如第十层)楼面的轴线 $a_{10} O_{10} a_{10}'$ 上,照准地面上原有的轴线控制桩 A_1、A_1',用盘左和盘右将轴线延长到远处的 A_2、A_2' 点,并固定其位置,即为 A 轴新投测的控制桩。对于更高层的中心轴线,可将经纬仪或全站仪安置于 A_2、A_2' 点上,按轴线投测方法逐层向上投测,直至完成工程施工。

② 垂线法。

将垂球悬吊在建筑物的边缘,垂球尖对准轴线标志,从而在各楼层定出各层的主轴线点。由于该方法受风力等的影响较大,故误差也较大。

③ 激光铅垂仪投测法。

激光铅垂仪是一种用于铅直定位的专用仪器,适用于高层建筑、烟囱和高塔架的铅直定位测量。它主要由氦氖激光器、竖轴、发射望远镜、管水准器和基座等部件组成,使用时利用氦氖激光器底端(全反射棱镜端)所发射的激光束进行对中,通过调节基座整平螺旋,使管水准器气泡严格居中,从而使发射的激光束铅直。为了使激光束能从底层直接打到顶层,在各层楼面的投测点处需预留孔洞,或利用通风道、垃圾道以及电梯升降道等。如图 1-5-9 所示,将激光铅垂仪安置

图 1-5-9 激光铅垂仪投测

在底层测站点 C_0,并进行严格对中、整平,接通激光电源,起辉激光器,即可发射出铅直激光基准线。在高层楼板孔上水平放置绘有坐标网的接收靶 P,激光光斑所指示的位置,就是测站点 C_0 的铅直投影位置。

④ 光学垂准仪投测法。

光学垂准仪是一种能瞄准铅垂方向的仪器,使用时将仪器架在底层辅助轴线的预埋标志上,当得到指向天顶的垂准线后,通过调焦,观测者从目镜端可指挥另外的作业人员在相应的楼层上的垂准孔上设立标志,完成轴线从底层向高层的传递。

(2)高程传递。

高层建筑物施工中,楼层高程传递可使上层楼板、门窗口、室内装修等工程的标高符合设计要求。高程传递的主要方法有:利用皮数杆传递高程、利用钢尺直接测量、悬吊钢尺法。

一般建筑物可用皮数杆来传递高程。对于高程传递要求较高的建筑物,通常通过钢尺直接测量来传递高程。一般是在底层墙身砌筑到 1.5 m 高后,用水准仪在内墙面上测设一条高出室内地坪线 +0.5 m 的水平线,作为该层地面施工及室内装修时的标高控制线。对于二层以上的各层,同样在墙身砌到 1.5 m 后,一般从楼梯间用钢尺从下层的 +0.5 m 标高线向上量取一段等于该层层高的距离,并做标志。这样用钢尺逐层向上引测。根据具体情况,也可用悬挂钢尺代替水准尺,用水准仪读数,从下向上传递高程。

对于框架结构的高程传递,一般建筑物选择隔一定柱距的柱子外侧,用悬吊垂球法将轴线投测在柱子外侧,再用钢尺沿轴线从下一层的 +0.5 m 水平线处量一层层高至上一层的 +0.5 m 水平线来逐层向上传递高程。一般是在底层主体施工中,用水准仪在柱子钢筋上测设一条高出室内地坪线 +0.5 m 的水平线,作为向上绑扎钢筋标高的依据;支模板时还应将 +0.5 m 的水平线抄坪到柱子木板上,作为模板标高的依据;柱子拆模板后,再次将 +0.5 m 水平线抄坪到柱子侧面,作为向上传递高程的依据,并作为该层地面施工及室内装修时的标高控制线。对于二层以上的各层,采用同样的方法施工,检查层高时可悬挂钢尺,用水准仪读数,从下向上传递、检查高程。

任务 2　工业建筑施工测量

工业建筑主要指工业生产性建筑,其施工放样的主要工作包括厂房矩形控制网测设、厂房柱列轴线测设、基础施工测量、构件安装测量及设备安装测量等。

1. 厂房矩形控制网测设

对于结构简单、跨度较小的厂房的定位与轴线测设,可按民用建筑施工方法进行;对于大型的、结构及设备安装复杂的厂房,其柱列轴线通常根据厂房矩形控制网来测设。有时厂区已有控制点的密度和精度往往不能满足厂房放样的需要,还应在厂区控制网的基础上建立适应厂房规模和外形轮廓,并能满足该厂房特殊精度要求的独立矩形控制网,作为厂房施工测量的基本控制。在确定主轴线点及矩形控制网的位置时,必须保证控制点能长期保存,因此要避开地上和地下管线,并与建筑物基础开挖边线保持 1.5~4 m 的距离。距离指标桩的间距一般等于柱子间距的整数倍,但不超过所用钢尺的长度。矩形控制网的测设可以采用直角坐标法、极坐标法和角度交会法等。

2. 厂房柱列轴线测设

根据厂房平面图上所注的柱间距和跨距尺寸,用钢尺沿矩形控制网各边量出各柱列轴线控制点的位置,即 1′, 2′, …, 1, 2, …, N, …, N′, M, …, M′, 如图1-5-10所示,并打入大木桩,桩顶用小钉标示出点位,作为柱基测设和施工安装的依据。可根据矩形边上相邻的两个距离指标桩,采用内分法测设。

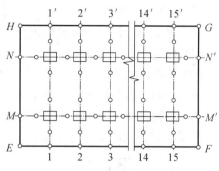

图1-5-10　厂房柱列轴线测设

3. 基础施工测量

基础施工测量的主要工作有柱基放线、基坑整平、基础模板定位和设备基础施工测设。

1) 柱基放线

柱基放线是指根据轴线控制桩定出各柱基的位置,设置柱基中心线桩,并按基坑尺寸撒出基槽边线,方便开挖。

2) 基坑整平

当基坑挖到接近坑底设计标高时,要在基坑四壁离坑底0.3~0.5 m处测设几个水平桩,作为基坑修坡和检查坑深的依据。此外还应在基坑内测设垫层的标高,即在坑底设置小木桩,使桩顶高程恰好等于垫层的设计标高。

3) 基础模板定位

打好垫层后,根据坑边定位小木桩,用拉线吊垂球的方法把柱基定位线投测到垫层上,弹出墨线,用红漆做标记,作为柱基立模板和布置钢筋的依据。立模板时,将模板底线对准垫层上的定位线,并用垂球检查模板是否竖直,最后将柱基顶面设计标高测设在模板内壁,作为浇筑混凝土的依据。

4) 设备基础施工测设

现代工业厂房的主要设备及辅助设备由于常重达数千吨,通常需安装在混凝土基础上,上面有精度要求较高的地脚螺丝。在设备基础中有各种不同用途的金属预埋件,这些金属预埋件需在浇灌混凝土之前按设计的位置固定,若这些金属预埋件安装预理出错,则会使基础发生返工。基础施工的深度亦取决于生产设备,有时能达十多米。故需根据所安装设备的布置形式来确定基础平面的配置,其主要工作有基础定位、基槽底放线、地脚螺丝安装放线、中心标板投点等,其中前三步工作与柱基施工测量的相同。小型设备基础的地脚螺丝可借助木支架定位,木支架装在基础模板上,地脚螺丝装在支架上,根据设计尺寸来安装支架,就可放样出螺丝的位置。大型设备的基础可借助地脚螺丝固定支架,并用水准仪测设标高。中心标板投点是指在基础拆模后,应先细致地检查中线原点,根据厂房控制网的中心线原点开始投点,测设后在标板上刻出十字标线。

4. 构件安装测量

在安装测量柱子、桁架或梁前,应熟悉图纸,了解限差要求,制定作业方法,主要工作有柱子吊装测量、吊车梁吊装及吊车轨道安装测量、屋架安装测量等。

1）柱子吊装测量

柱子吊装时应满足的测量精度要求为：

（1）柱子中心线应与相应的柱列轴线一致，其允许偏差为±5 mm。

（2）柱身垂直允许误差：当柱高不大于 5 m 时为 ±5 mm；当柱高为 5～10 m 时为±10 mm；当柱高超过 10 m 时为柱高的 1/1000，一般不超过 20 mm。

（3）牛腿顶面及柱顶面的实际标高应与设计标高一致，其允许误差为±（5～8）mm。

柱子安装测量的主要内容如下。

图 1-5-11　杯形柱基投测柱列轴线

（1）投测柱列轴线。

吊装前根据轴线控制桩将基础中心线投测到基础顶面上，并用墨线标明，如图 1-5-11 所示；同时在杯口内壁用水准仪测设一条已知标高线，从该标高线起向下量取一个整分米数，即为杯底的设计标高，用以检查杯底标高是否正确。

（2）柱身弹线。

柱子吊装前，应将每根柱子按轴线位置进行编号，在柱子的三个面上弹出柱中心线，在每条柱中心线的上端和近杯口处做标志，以供校正时照准。

（3）柱身检查与杯底找平。

如图 1-5-12 所示，为了保证吊装后的柱子牛腿面符合设计高程 H_2，必须使杯底高程 H_1 加上柱脚到牛腿面的长度 L 等于 H_2。常用的检查方法是沿柱子中心线根据 H_2 用钢尺量出 -0.6 m 的标高线，并与杯口内 -0.6 m 的标高线到杯底与柱底相对应的四角的实际高度进行比较，从而确定杯底四角找平厚度。由于浇筑杯底时，通常使其低于设计高程 3～5 cm，故可用水泥砂浆根据确定的找平厚度进行找平，从而使牛腿面的标高符合设计要求。

（4）柱子安装测量。

当柱子起吊插入杯口后，要使柱底中心线与杯口中心线对齐，用木楔或钢楔初步固定，容许误差为±5 mm。柱子立稳后，立即用水准仪检测柱身上的±0.000 标高线，看其是否符合设计要求，其允许误差为±3 mm。柱子初步固定后，即可进行竖直校正。将两台经纬仪或全站仪分别安置在相互垂直的两条柱列轴线附近，用望远镜照准柱底中线，固定照准部后缓慢抬高望远镜，观测柱身上的中心标志或所弹的中心墨线，若其与十字丝竖丝重合，则柱子在此方向是竖直的；若不重合，则应调整，使柱子垂直。实际工作中常遇到的是成排的柱子，如图 1-5-13 所示，此时经纬仪或全站仪不能安置在柱列中线上，可在偏离中线 3 m 内，尽量靠近轴线的地方安置经纬仪或全站仪，使 $\beta < 15°$，安置一次仪器可校正几根柱子。

柱子校正以后，应在柱子的纵、横两个方向检测柱身的垂直度偏差值。满足要求后，要立即灌浆，固定柱子位置。

2）吊车梁吊装及吊车轨道安装测量

先按设计高程检查两排柱子牛腿的实际高程，根据检查结果进行牛腿面修平或加垫块，然后在牛腿面上定出吊车梁的中心线，同时在吊车梁顶面和两端面上弹出中心线，最后进行吊车梁的吊装，要求使两中心线对齐。安装完后，可将水准仪架到吊车梁上进行标高检测。吊车轨道安装测量主要是将轨道中心线投测到吊车梁上，常采用平行线法。

图 1-5-12　杯底找平

图 1-5-13　柱子安装测量

3）屋架安装测量

屋架吊装前，用经纬仪或其他方法在柱顶面上放出屋架定位轴线，并应弹出屋架两端头的中心线，以便进行定位。屋架吊装就位时，应使屋架的中心线与柱顶上的定位线对准，允许误差为±5 mm。

5. 设备安装测量

设备安装测量应根据设备的设计位置精确放样，应符合下列要求：

1）设备基础中心线的复测与调整

基础竣工中心线必须进行复测，两次测量的较差应不大于5 mm。同一设备的基准中心线的平行偏差或同一生产系统的中心线的直线度应在±1 mm以内。

2）设备安装基准点的高程测量

应使用一个水准点作为高程起算点，一般设备基础基准点的标高偏差应在±2 mm以内，传动装置有联系的设备基础，其相邻两基准点的标高偏差应控制在±1 mm以内。

任务 3 建筑物的变形观测

工业与民用建筑物、地基基础、建筑场地等，为了维护及使用，常需进行变形观测。一些大型或重要的建筑物，在工程设计时就应对变形观测统筹安排，施工过程中应进行变形观测。变形观测的周期应根据待测物的特征、变形速率、工程地质条件及观测精度要求等综合考虑。我国的《工程测量规范》（GB 50026—2007）规定了变形观测的等级划分及精度要求。变形观测的精度应根据建筑物的结构、重要性、对变形的敏感程度等确定，如观测的目的是确保建筑物的安全，使变形值不超过某一容许的数值，则观测的中误差应小于允许变形值的 1/20～1/10。例如，设计部门允许某大楼顶点的容许偏移值为 120 mm，以其 1/20 作为观测中误差，则观测精度 $m=\pm 6$ mm。如果观测目的是研究其变形过程,则中误差应比这个值小得多。通常从实用目的出发,对建筑物的观测应能反映 1～2 mm 的沉降量。变形观测通常需使用精密仪器,每次观测前,应对仪器和设备进行检验校正。变形观测结束后,应根据工程实际需要,整理观测资料,绘制变形值成果表、观测点布置图、变形量曲线图,以及有关荷载、温度、变形量的曲线图,进行变形分析等。

1. 沉降观测

沉降观测是指测定建筑物上的一些点的高程随时间变化的工作。选择一些能表示沉降特征的部位设置沉降观测点,通常应按设计图纸埋设,一般在建筑物四角或沿外墙每隔 10～15 m 布设,或在每隔 2～3 根柱基础上、在裂缝或伸缩缝的两侧,以及新旧建筑或高低建筑纵、横墙交接处,建筑物不同结构的分界处和一些高耸建筑物的基础轴线的对称部位布设。对于宽度大于 15 m 的建筑物,当其内部有承重墙和支柱时,应尽可能布设观测点。布设的观测点一般不得少于 4 个,从各个沉降观测点高程的变化中了解建筑物的升降变形情况。沉降观测的方法视精度要求而定,通常有一、二、三等水准测量,三角高程测量等。城市地区的沉降观测水准基点可用二等水准与城市水准点联测,可以采用假定高程。在建筑物的变形观测中,进行最多的是沉降观测。对于中小型厂房和建筑物,可采用普通水准测量方法;对于大型厂房和高层建筑,应采用精密水准测量方法。

施工期间,建筑物沉降观测的周期,高层建筑每增加一二层应观测一次,其他建筑的观测总次数应不少于五次。竣工后的观测周期根据建筑物的稳定情况确定。

关于基础沉降观测,应在浇灌底板前和基础浇灌后至少各观测一次,地基土的分层观测应在基础浇灌前开始,回弹点的高程应在基坑开挖前后及浇灌基础前各测定一次。

沉降观测的水准路线(从一个水准基点到另一个水准基点)应形成闭合线路。沉降观测与一般水准测量相比,不同的是视线长度较短,一般不大于 25 m,一次安置仪器可以有几个前视点。为了提高观测精度,可采用"三固定"的方法,即固定人员,固定仪器和固定施测路线、镜位与转点。观测时,前、后视宜使用同一根水准尺,且保持前、后视距大致相等。由于观测水准路线较短,其闭合差一般不会超过 1 mm,闭合差可按测站平均分配。

各项观测的记录必须注明观测时的气象和荷载变化情况。

观测成果整理:每次观测结束后,应检查记录数据的准确性及精度是否符合要求,整理各个观测点的高程,并记录在观测成果表(见表 1-5-1)中,计算两次观测之间的沉降量和累计沉降量,同时注明日期及荷重情况,可根据沉降量、荷重、时间三者之间的关系画出沉降曲线图(见图 1-5-14)。

表 1-5-1 观测成果表

观测日期	荷重/ (t/m²)	观测点								
		1			2			3		
		高程 /m	本次沉降量/mm	累计沉降量/mm	高程 /m	本次沉降量/mm	累计沉降量/mm	高程 /m	本次沉降量/mm	累计沉降量/mm
1996.3.15	0	21.067	0	0	21.083	0	0	21.091	0	0
1996.4.1	4.0	21.064	3	3	21.081	2	2	21.089	2	2
1996.4.15	6.0	21.061	3	6	21.079	2	4	21.087	2	4

续表

观 测 日 期	荷重/(t/m²)	观 测 点								
		1			2			3		
		高程/m	本次沉降量/mm	累计沉降量/mm	高程/m	本次沉降量/mm	累计沉降量/mm	高程/m	本次沉降量/mm	累计沉降量/mm
1996.5.10	8.0	21.060	1	7	21.076	3	7	21.084	3	7
1996.6.5	10.0	21.059	1	8	21.075	1	8	21.082	2	9
1996.7.5	12.0	21.058	1	9	21.072	3	11	21.080	2	11
1996.8.5	12.0	21.057	1	10	21.070	2	13	21.078	2	13
1996.10.5	12.0	21.056	1	11	21.069	1	14	21.078	0	13
1996.12.5	12.0	21.055	1	12	21.068	1	15	21.076	2	15
1997.2.5	12.0	21.055	0	12	21.067	1	16	21.076	0	15
1997.4.5	12.0	21.054	1	13	21.066	1	17	21.075	1	16
1997.6.5	12.0	21.054	0	13	21.066	0	17	21.074	1	17

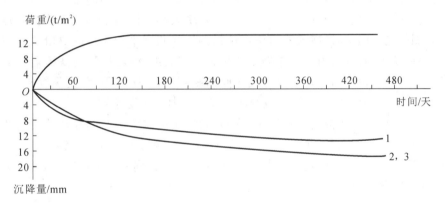

图 1-5-14　沉降曲线图

2. 倾斜观测

　　测定建筑物的倾斜度随时间变化的工作称为倾斜观测。倾斜观测的方法有两种:一种是直接测定法,另一种是通过测定建筑物基础的相对沉降来确定其倾斜度。

　　1) 一般建筑物的倾斜观测

　　如图 1-5-15 所示,将经纬仪安置在与建筑物的距离大于其高度的 1.5 倍的固定测站上,瞄准上部的观测点 M,用盘左和盘右分中投点法定出下面的观测点 N。采用同样的方法,在与原观测方向垂直的另一方向上定出上观测点 P 与下观测点 Q。隔一段时间后,在原固定测站上安置经纬仪,分别瞄准上观测点 M 与 P,仍采用盘左和盘右分中投点法,得到 N' 点与 Q' 点。若 N' 点与 N 点、Q' 点与 Q 点不重合,说明建筑物发生了倾斜。

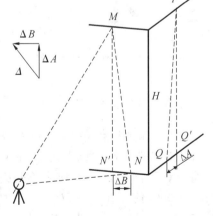

图 1-5-15　一般建筑物的倾斜观测

用尺量出倾斜位移分量 ΔA、ΔB，然后求得建筑物的总倾斜位移量 Δ，即

$$\Delta = \sqrt{(\Delta A)^2 + (\Delta B)^2}$$

建筑物的倾斜度 i 用下式表示，即

$$i = \frac{\Delta}{H} = \tan\alpha$$

式中，H 为建筑物的高度，α 为倾斜角。

2）倾斜仪观测

倾斜仪一般能连续读数、自动记录和数字传输，又有较高的精度，故在倾斜观测中应用较多。常见的倾斜仪有水管式倾斜仪、水平摆倾斜仪、气泡式倾斜仪和电子倾斜仪四种。为了实现倾斜观测的自动化，可采用电子水准器。这种电子水准器可固定安置在建筑物或设备的适当位置，能自动进行动态的倾斜观测。当测量范围在 200″ 以内时，测定倾斜值的中误差在 ±0.2″ 以下。

3. 建筑物的裂缝与位移观测

裂缝是在建筑物不均匀沉降的情况下产生不容许的应力及变形的结果。当建筑物中出现裂缝时，为了保证安全，应立即进行裂缝观测。将两块大小不同的矩形白薄铁板分别钉在裂缝两侧，作为观测标志。固定时，使内外两块白铁板的边缘相互平行。将两块白铁板的端线相互投测到另一块白铁板的表面，用红油漆做两个标记。如裂缝继续发展，则铁板端线与三角形边线逐渐分离，定期分别量取两组端线与边线之间的距离，取其平均值，就是裂缝扩大的宽度，连同观测时间一并记入手簿内。此外，还应观测裂缝的走向和长度等。

位移观测是指根据平面控制点测定建（构）筑物的平面位置随时间移动的距离和方向。有时只要求测定建（构）筑物在某一特定方向上的位移量，观测时可在垂直于移动方向上建立一条基线，在建（构）筑物上埋设一些观测标志，定期测量各标志偏离基准线的距离，这样就可了解建（构）筑物随时间位移的情况。

任务 4 高层建筑施工测量

1. 高层建筑的特点

高层建筑的特点是建筑层数多、高度高、结构复杂、设备和装修标准较高，在施工过程中对建筑各部位的水平位置、垂直度、轴线尺寸、标高等的精度要求都十分严格。例如，层间标高测量偏差和竖向测量偏差均应不超过 ±5 mm，建筑全高（H）测量偏差和竖向偏差不超过 $2H/10\,000$，且当 30 m＜H≤60 m 时，应不大于 ±10 mm；当 60 m＜H≤90 m 时，应不大于 ±15 mm；当 H＞90 m 时，应不大于 ±20 mm。由于高层建筑工程量大，多涉及地下工程，又多为分期施工，且工期长，施工现场变化大，因此实施高层建筑施工测量前，必须仔细地制定测量方案，选用精度较高的测量仪器，并拟定出各种控制和检测措施，以确保放样精度。

高层建筑施工测量中的主要问题是控制垂直度,就是将建筑物的基础轴线准确地向高层引测,并保证各层相应轴线位于同一侧面内,控制竖向偏差,使轴线向上投测的偏差值不超限。高层建筑物轴线的竖向投测方法主要包括外控法和内控法两种。

当施工场地比较宽阔时,可采用经纬仪引桩投测法(又称外控法)进行轴线的投测;当在建筑物密集的建筑区,施工场地狭小,无法在建筑物轴线以外的位置安置仪器时,多采用内控法。施测时必须先在建筑物基础面上测设室内轴线控制点。

2. 外控法

外控法是在建筑物外部,利用经纬仪,根据建筑物轴线控制桩来进行轴线的竖向投测,亦称为经纬仪引桩投测法,具体操作步骤如下。

1)在建筑物底部投测中心轴线位置

高层建筑的基础工程完工后,将经纬仪安置在轴线控制桩 A_1、A_1'、B_1 和 B_1' 上,把建筑物主轴线精确地投测到建筑物的底部,并设立标志,例如图 1-5-16(a)中的 a_1、a_1'、b_1 和 b_1',以供下一步施工与向上投测用。

(a)建筑物轴线投测　　　　　(b)增设轴线引桩

图 1-5-16　外控法

2)向上投测中心线

随着建筑物的不断增高,要逐层将轴线向上传递。将经纬仪安置在中心轴线控制桩 A_1、A_1'、B_1 和 B_1' 上,严格整平仪器,用望远镜瞄准建筑物底部已标出的 a_1、a_1'、b_1 和 b_1' 点,用盘左和盘右分别向上投测到每层楼板上,并取其中点作为该层中心轴线的投影点。

3)增设轴线引桩

当建筑物逐渐增高,而轴线控制桩距离建筑物较近时,望远镜的仰角较大,操作不方便,投测精度也会降低,因此需要将原中心轴线控制桩引测到更远的安全地方或者附近大楼的屋面上。将经纬仪安置在已经投测上去的较高层(如第十层)楼面的 a_{10}、a_{10}' 点上,瞄准地面上原有的轴线控制桩 A_1 和 A_1' 点,用盘左、盘右分中投点法将轴线延长到远处的 A_2 和 A_2' 点,并做标记固定其位置,A_2、A_2' 即为新投测的 A_1、A_1' 的轴线控制桩,如图 1-5-16(b)所示。

3. 内控法

内控法的优点是不受施工场地的限制,不受刮风下雨的影响,施测时先在建筑物底层测设室内轴线控制点,建立室内轴线控制网,用垂准线原理将其轴线点垂直投测到各层楼面上,作为各层轴线测设的依据,故此法也叫垂准线投测法,如图 1-5-17 所示。

图 1-5-17　内控法

室内轴线控制网的布设依建筑物的平面形状而定,对于一般平面形状不复杂的建筑物,可布设 L 形或矩形控制网。内控点应设在房屋拐角的柱子旁边,其连线与柱子设计轴线平行,相距 0.5～0.8 m。内控点应布设在能保持通视(不受构架梁等的影响)和水平通视(不受柱子等的影响)的位置。

当基础工程完成后,先根据建筑施工控制网点,校测建筑轴线控制桩的桩位,看其是否移位变动,若无变化,依据轴线控制桩点,将轴线内控点测设到基础平面上,并埋设标志,一般是预埋一块小铁皮,上面划十字丝,交点上冲一小孔,作为轴线投测的依据。为了将基础层上的轴线点投测到各层楼面上,在内控点的垂直方向上的各层楼面预留约 300 mm×300 mm 的传递孔(也叫垂准孔),并在孔的周围用砂浆做成 20 mm 高的防水斜坡,以防止投点时施工用水通过此孔流到下方的仪器上。根据竖向投测使用仪器的不同,有以下三种投测方法。

1)吊线坠法

如图 1-5-18 所示,吊线坠法是使用直径为 0.5～0.8 mm 的钢丝悬吊 10～20 kg 重的特制大垂球,以底层轴线控制点为准,通过预留孔直接向各施工层投测轴线。每个点应进行两次投测,两次投点的偏差,当投点高度小于 5 m 时不大于 3 mm,当高度在 5 m 以上时不大于 5 mm,即可认为投点无误,取其平均位置,将其固定下来,然后再检查这些点间的距离和角度,如与底层对应的距离、角度相差不大时,可做适当调整,并根据投测上来的轴线控制点加密其他轴线。

2)天顶垂直法

天顶垂直法是指使用激光铅垂仪、激光经纬仪和配有目镜、有 90°弯管的经纬仪等垂直向上测设的仪器,竖向逐层传递轴线。

用激光铅垂仪或激光经纬仪进行竖向投测时,将仪器安置在底层轴线控制点上,进行严格整平和对中(采用激光经纬仪时,需将望远镜指向天顶,竖直读盘的读数为 0°或 180°)。在施工层预留孔的中央放置专用的透明方尺,移动方尺,将激光点接收到方尺的刻度中心,即投测的二层轴线控制点,其他内控点采用同样的方法投测。精度要求较高时,将经纬仪安置于该点上,照准另外一个轴线内控点,在二层建立轴线控制网;精度要求一般时,也可在两控制点间拉钢尺(或拉线绳),在二层建立轴线控制网。再由二层控制网恢复二层轴线。

3）天底垂直法

天底垂直法是指使用能测设铅直向下方向的垂准仪器进行竖向投测,投测方法是把垂准经纬仪安置在浇筑后的施工层上,通过每层楼面相对应的轴线点处的预留孔,将底层轴线点引测到施工层上,如图 1-5-19 所示。在实际工作中,可将有光学对点器的经纬仪改装成垂准仪。有光学对点器的经纬仪的竖轴是空心的,故可将竖轴中心的光学对中器物镜和转向棱镜以及支架中心的圆盖卸下,经检核后,当望远镜物镜向下竖起时,即可测出天底垂直方向。但改装工作必须由仪器专业人员进行。

图 1-5-18　吊线坠法

图 1-5-19　天底垂直法

 习题

一、填空题

1.民用建筑施工测量的主要工作包括准备施工放样资料、_____、_____、_____和_____等。

2.建筑物定位是指_____的工作,可根据_____、_____或_____、_____等进行定位。

3._____是指根据建筑物定位的轴线交点桩详细测设建筑物各轴线的交点桩,然后根据测设的轴线,用白灰画出基槽边界线的工作,也称为建筑物放线。

4.在开挖基槽前,把各轴线延伸到槽外,在施工的构筑物的周围设置_____或_____,以方便挖后恢复各轴线。

5.垫层施工测设的主要工作为_____和_____测设。

6.浅基础施工测量的主要内容是_____和_____测设。

7.建筑主体施工测量的主要工作是将建筑物_____和_____正确地向上引测。

8.工业建筑主要是指工业生产性建筑,其施工放样的主要工作包括_____测设、

_____测设、_____、_____及设备安装测量等。

9.建筑物的变形观测的主要内容有建筑物_____观测、建筑物_____观测和建筑物_____观测。

10.高层建筑物轴线的投测有_____法和_____法两种方法。

二、简答题

1.民用建筑物如何定位与放线？

2.设置龙门板或引桩的作用是什么？简要说明如何设置。

3.在墙体施工过程中如何定位和控制标高？

4.基础开挖时如何控制开挖深度？

5.在一般民用建筑墙体施工过程中如何投测轴线？如何传递高程？

6.高层建筑施工测量的特点是什么？高层建筑轴线投测和高程传递的方法有哪些？

大比例尺地形图及其应用

教学目标

学习目标：通过了解地形图测绘的基础知识和数字测图的方法及原理，能进行简单的地形图测绘，能正确识读地形图，了解地形图在工程建设中的应用。

功能目标：

1. 了解地形图测绘的基础知识，能正确地识读地形图。

2. 能利用全站仪或 GPS 等主流测量仪器开展数字测图工作。

3. 能利用地形图开展断面图绘制和土石方量计算等主要工程建设应用。

工作任务

1. 能正确识读地形图，能利用地形图开展工程建设应用。

2. 掌握数字测图的方法。

地球表面复杂多样的形体,归纳起来可分为地物和地貌两大类。地物是指地面上天然或人工形成的固定性物体,如湖泊、河流、海洋、房屋、道路、桥梁等;地貌是指地球表面各种高低起伏的形态,如山地、丘陵和平原等。地形是地物和地貌的总称。地形图是按照一定的比例尺,用规定的符号表示地物、地貌平面位置及基本的地理要素且高程用等高线表示的正射投影图。地形图是开展资源勘察、城乡规划、土地利用、工程设计、河道整治等工作的重要资料。

任务 1 数字测图概述

1.地形图测绘的基础知识

1)比例尺与地形图比例尺精度

地形图的比例尺可定义为:地形图上某线段的长度与实地对应线段的投影长度之比。设地形图上某线段的长度为 d,实地对应的水平距离为 D,则该地形图的比例尺为

$$\frac{1}{M} = \frac{d}{D} \qquad (6\text{-}1)$$

式中,M 为地形图比例尺分母,M 越大,比例尺越小,M 越小,比例尺越大。

比例尺的形式包括数字比例尺、图示比例尺。

一般将数字比例尺用分子为1和分母为一个比较大的整数 M 表示。如数字比例尺 1∶500 ＞1∶1000。通常把比例尺为 1∶500、1∶1 000、1∶2 000、1∶5 000 的地形图称为大比例尺地形图,比例尺为 1∶10 000、1∶25 000、1∶50 000、1∶100 000 的地形图称为中比例尺地形图,比例尺为 1∶200 000、1∶500 000、1∶1 000 000 的地形图称为小比例尺地形图。

城市和工程建设一般需要大比例尺地形图,其中比例尺为 1∶500 和 1∶1000 的地形图,现在常用数字测图方法测绘。比例尺为 1∶2000 和 1∶5000 的地形图一般由 1∶500 或 1∶1000 的地形图缩小编绘而成。比例尺为 1∶500～1∶5000 的地形图可以用航空摄影测量方法绘制。

为了用图方便,以及避免由于图纸伸缩而引起误差,通常在图上绘制图示比例尺,也称直线比例尺。图 1-6-1 所示为 1∶500 的图示比例尺,将两条平行线分成若干 2 cm 长的线段,该线段称为比例尺的基本单位。

图 1-6-1 1∶500 的图示比例尺

地形图比例尺的大小与图中内容的显示程度有很大关系。因此,必须了解各种比例尺地形图所能达到的最大精度。由对人眼的分辨能力的分析可知,若以明视距离 250 mm 计算,则人眼能分辨出的两点间的最小距离为 0.1 mm。因此,某种比例尺地形图上 0.1 mm 所对应的实地投影长度,称为该地形图比例尺精度。例如,1∶1 000 000、1∶10 000、1∶500 的地形图比例尺精度依次为 100 m、1 m、0.05 m。表 1-6-1 列出了几种比例尺地形图的比例尺精度。

表 1-6-1　比例尺精度表

比例尺	1∶500	1∶1000	1∶2000	1∶5000	1∶10 000
比例尺精度/m	0.05	0.1	0.2	0.5	1.0

利用比例尺精度,根据比例尺可以推算出测图时距离测量应精确到什么程度。例如,比例尺为 1∶1000 的地形图的比例尺精度为 0.1 m,测图时距离测量精度只需达到 0.1 m 即可,小于 0.1 m 的距离在图上表示不出来。反之,根据图上表示实地的最短长度,可以推算测图比例尺。例如,欲表示实地最短线段长度为 0.5 m,则测图比例尺不得小于 1∶5000。

比例尺愈大,采集的数据信息愈详细,精度要求就愈高,测图工作量和投资往往会成倍增加,因此使用何种比例尺测图应从实际需要出发,不应盲目追求更大比例尺的地形图。

2) 地形图图式

为了便于测图和用图,用各种符号将实地的地物和地貌表示在图上,这些符号统称为地形图图式。图式是测绘和使用地形图的重要依据,由国家测绘机关统一颁布。地形图图式中的符号有三种,即地物符号、地貌符号、注记符号,它们是测绘图和用图的重要依据。部分地形图图式和代码如表 1-6-2 所示。

表 1-6-2　部分地形图图式和代码

代码	名称	图式	代码	名称	图式	代码	名称	图式
11	三角点	△	511	高压输电线	←•→	59c	阀门	♂
13	导线点	⊙	521	配电线	←•→	81	稻田	↓
14	埋石图根点	⊕	531	电线杆	○	82	旱田	⊔
16	水准点	⊗	54	变电室	⚡	83	菜地	⋎
17	GPS 等级点	⚠	58a	上水检修井	⊖	861a	果园	♀
3106	路灯	⚘	58b	下水检修井	⊕	87	树林	○
319	水塔	⊡	58c	下水暗井	⊘	810	竹林	⌐
321	烟囱	⌐	58d	煤气检修井	⊙	818a	天然草地	' '
368	亭子	⇧	59b	消防栓	⊒	821	花圃	↯

(1) 地物符号。

地物符号主要用来表示地物的类别、形状、大小及位置,分为比例符号、非比例符号及半比例符号。如地面上的房屋、桥梁、旱田等地物,可以按测图比例尺缩小,用地形图图式中的规定符号绘出,称为比例符号;某些地物的轮廓较小,如三角点、导线点、水准点、水井等,按比例无法在图上绘出,只能用特定的符号表示其中心位置,称为非比例符号;对于一些呈线状延伸的地物,如铁路、公路、管线、围墙、篱笆等,其长度能按比例缩绘,但其宽度不能按比例表示,表示这些地物的符号称为半比例符号。部分地物符号如表 1-6-3 所示。

（2）地貌符号。

在大比例尺地形图上最常用的表示地面高低起伏变化的方法是等高线法，所以等高线是常见的地貌符号。但对于梯田、峭壁、冲沟等特殊的地貌，当不便用等高线表示时，可根据地形图图式绘制相应的符号。

（3）注记符号。

为表明地物的种类和特性，需配合一定的文字和数字加以说明。注记包括地名注记和说明注记。地名注记主要包括行政区划、居民地、道路名称、河流名称、湖泊名称、水库名称、山脉名称、岛礁名称等；说明注记包括文字和数字注记，主要用以补充说明对象的质量和数量属性，如房屋的结构和层数、管线性质和输送物质、河流的深度及流速、等高线高程等。

表 1-6-3　部分地物符号

名称及说明	图　式	名称及说明	图　式
三角点 凤凰山——点名 394.468——高程	凤凰山 394.468　3.0	等级公路 2——技术等级 A308——编号	0.2 / 0.4　2（A308）
GPS 点 B114——点号 5.683——高程	B114 / 5.683　3.0	等外公路 9——技术等级	0.2　9
导线点 D38——点号 12.6——高程	2.0 D38 / 12.36	人行天桥	
埋石图根点 J15——点号 10.35——高程	1.6 J15 / 10.35　1.4	内部道路	
水准点 IV138——等级及点号 32.648——高程	2.0 IV138 / 32.648	输电线路及电线杆	1.0　4.0
		输电线路及铁塔	4.0
房屋 砖——建筑材料 3——层数	1.6　砖3	配电线路及电线杆	1.0　4.0
		通信线路及电线杆	1.0　4.0
室外楼梯、在建房屋	砖2　建	斜坡	3.0
简单房屋、台阶 混——混合材料	1.0	加固斜坡	3.0
房前柱廊、柱廊	1.0	陡坎	1.5

续表

名称及说明	图　式	名称及说明	图　式
围墙及门墩	10.0　1.0	加固陡坎	3.0
公路桥 砼——建筑材料	1.0 砼	土堆 3.5——比高	3.6
人行桥		坑穴 2.4——深度	2.4
级面桥	1.0		
铁路	0.2　0.6　10.0 0.2　0.4		

3）等高线

地形图上所表示的内容，除地物外，另一部分内容就是地貌了。

地貌是指地球表面高低起伏、凹凸不平的自然形态。地球表面的形态主要是由地球本身的内部矛盾运动（内力和外力作用的结果）而形成的，因此，地球表面的自然形态大多是有一定规律的，认识了这种规律性，然后采用恰当的符号，即可将其表示在图纸上。

2. 地貌的基本形状及其名称

地貌尽管千姿百态、错综复杂，但其基本形态可归纳为五种典型地貌，如图 1-6-2 所示。

图 1-6-2　典型地貌图

（1）山。较四周显著凸起的高地称为山，尖的山顶、山峰附近的倾斜较为一致，等高线之间的平距大小相等。圆的山顶顶部的坡度较为平缓，然后逐渐变陡。等高线平距在距山顶较远处的山坡部分较小，越到山顶，等高线平距越大。山的侧面叫山坡（斜坡）。山坡的倾斜为20°～45°的叫陡坡，几乎成竖直形态的叫峭壁（陡壁）。下部凹入的峭壁叫悬崖，山坡与平地相交处叫山脚。

（2）山脊。山脊是山体延伸的最高棱线，由山体凸棱从山顶延伸至山脚者。山脊最高的棱线称为山脊线。以等高线表示的山脊，其等高线凸向低处。雨水以山脊为界流向两侧坡面，故山脊线又称为分水线。

（3）山谷。两山脊之间的凹部称为山谷。以等高线表示的山谷，其等高线凹向低处，凸向高处。山谷两侧称为谷坡，两谷坡的相交部分叫谷底。谷底最低点的连线称为山谷线，雨水从山坡面汇流在山谷，因此谷底最低点的连线又称为合水线。谷地与平地的相交处称为谷口。

（4）鞍部。两个山顶之间的低洼山脊处，形状像马鞍形，称为鞍部。鞍部是两个山脊和山谷的汇合点，其等高线是两组相对的山脊等高线和山谷等高线的对称结合。

（5）盆地（洼地）。四周高、中间低的地形叫盆地。最低处称为盆底。盆底没有泄水道，水都停滞在盆地最低处。湖泊实际上是汇集有水的盆地。

地球表面的形状虽千差万别，但实际上都可看作是一个个不规则的曲面。这些曲面是由不同方向和不同倾斜的平面所组成的，两相邻斜面相交处即为棱线，山脊和山谷都是棱线，也称为地貌特征线（地性线）。如果将这些棱线端点的高程和平面位置测出，则棱线的方向和坡度也就确定了。

在地面坡度变化的地方，比较显著的有山顶点、盆地中心点、鞍部最低点、谷口点、山脚点、坡度变换点等，这些点都称为地貌特征点。这些特征点和特征线就构成了地貌的骨骼。在地貌测绘中，立尺点就应选择在这些特征点上。

3. 等高线表示地貌的方法

在地形图上表示地貌的方法很多，目前常用等高线法。等高线能够真实地反映出地貌的形态和地面的高低起伏。

图 1-6-3　等高线的定义

1）等高线的概念

如图 1-6-3 所示，设有一座小山头被高程分别为 40 m、60 m、80 m、100 m 的水准面所截，将这些截线沿铅垂方向投影（即垂直投影）到一个水平面 M 上，按一定比例尺缩小，从而得到一簇表现山头形状、大小、位置以及其起伏变化的等高线。所以，等高线就是地面上高程相等的相邻各点所连成的闭合曲线，也就是水准面与地面相交的曲线。一簇等高线在图上不仅能表示地面起伏变化的形态，而且还具有一定的立体感。

2）等高距及示坡线

相邻两等高线之间的高差称为等高距。在同一幅地形图上，等高距是相同的，一般不能有两种等高距。相邻等高线间的水平距离，称为等高线平距。等高线平距愈大，表示地面坡度愈缓，反之愈陡。坡度与等高线平距成反比。

用等高线表示地貌，等高距选择过大，就不能精确显示地貌；反之，等高距选择过小，等高线密集，就会失去图面的清晰度。因此，应根据地形和比例尺参照表 1-6-4 选用等高距。

表 1-6-4　地形图基本等高距

地形类别	比例尺				备注
	1：500	1：1000	1：2000	1：5000	
平地	0.5 m	0.5 m	1 m	2 m	等高距为 0.5 m 时，特征点高程可注至 cm，其余均注至 dm
丘陵	0.5 m	1 m	2 m	5 m	
山地	1 m	1 m	2 m	5 m	

按表 1-6-4 选定的等高距称为基本等高距，同一幅地形图只能采用一种基本等高距。等高线的高程应为基本等高距的整倍数。按基本等高距描绘的等高线称为首曲线，用细实线描绘。为了方便读图，高程为五倍基本等高距的等高线用粗实线描绘并注记高程，称为计曲线。在基本等高距不能反映出地面局部地貌的变化时，可采用二分之一基本等高距用长虚线加密的等高线，称为间曲线，间曲线可不闭合，但一般应对称。更加细小的变化还可用四分之一基本等高距用短虚线加密的等高线表示，称为助曲线。

用等高线表示地形时，会发现洼地的等高线和山头的等高线在外形上非常相似。图 1-6-4(a)所示为山头地貌的等高线，图 1-6-4(b)所示为洼地地貌的等高线。它们之间的区别在于：山头地貌是里面的等高线高程大，而洼地地貌是里面的等高线高程小。为了便于区别这两种地形，在某些等高线的斜坡下降方向绘制一条短线表示坡度，并把这种短线叫作示坡线。示坡线一般仅在最高、最低两条等高线上表示，能明显地表示出坡度方向即可。

(a)　　　　　　　　　　　(b)

图 1-6-4　山头地貌与洼地地貌的等高线

3）等高线的特性

等高线的规律和特征可归纳为如下几条。

（1）在同一条等高线上的各点高程相同。因为等高线是水准面与地表面的交线，而在一个水准面上的高程是一样的。但是不能得出结论：凡高程相等的点一定在同一条等高线上。当水准面和两个山头相交时，会得出同样高程的两条等高线，如图 1-6-5 所示。

图 1-6-5　山脊、山谷、鞍部的等高线

（2）等高线是闭合的曲线。一个无限伸展的水准面和地表面相交，构成的交线是一个闭合的曲线，所以某一高程线必然也是一条闭合的曲线。

（3）不同高程的等高线一般不能相交，但是一些特殊地貌，如陡壁、陡坎的等高线就会重叠在一起，这些地貌必须用陡壁、陡坎符号表示，如图 1-6-6(a) 和图 1-6-6(b) 所示。通过悬崖的等高线可能相交，如图 1-6-6(c) 所示。

(a)　　　　　　(b)　　　　　　(c)

图 1-6-6　陡壁和悬崖的等高线

（4）等高线和分水线（山脊线）、合水线（山谷线）正交。由于等高线在水平方向上始终沿着同高的地面延伸着，因此等高线在经过山脊或山谷时，几何对称地在另一山坡上延伸，这样就形成了等高线与山脊线或山谷线在相交处正交。

（5）两等高线间的水平距离称为平距，等高线间平距的大小与地面坡度的大小成反比。在同一等高距的情况下，如果地面坡度愈小，等高线在图上的平距愈大；反之，如果地面坡度愈大，则等高线在图上的平距愈小。换句话说，坡度陡的地方等高线就密，坡度缓的地方等高线就稀。

（6）高程相等的两条等高线间不能单独存在一条不闭合的等高线。

（7）鞍部的等高线必是对称的不同高程的双曲线。

4）地形图分幅与编号

为了便于测绘、使用和保管地形图，需要将大面积的地形图进行分幅，并将分幅的地形图进行系统编号，因此需要研究地形图的分幅和编号问题。

地形图的分幅方法可分为两种：一种是按经纬线分幅的梯形分幅法，另一种是按坐标格网划分的矩形分幅法。

《国家基本比例尺地图图式 第 1 部分：1：500 1：1000 1：2000 地形图图式》规定：1：500 ～1：2000 的比例尺地形图一般采用 50 cm×50 cm 的正方形分幅或 40 cm×50 cm 的矩形分幅，每幅图中以 10 cm×10 cm 为基本方格，共 25 格，以整千米（或百米）坐标进行分幅，根据需要也可以采用其他规格的分幅，如测区为狭长带状，为了减少图板和接图，也可采用任意分幅；1：5000 的比例尺地形图采用纵、横 40 cm，即实地为 2 km 的分幅，每个小方格为 10 cm，每幅图 16 格，如测区的范围较大，整个测区需要在几幅甚至几十幅图中，这时应画一张分幅总图。

因为大比例尺地形图不少是小面积地区的工程设计施工用图，在分幅、编号问题上，要从实际出发，根据用图单位的要求和意见，结合作业的方便性灵活处理，以达到测图、用图、管图方便的目的。图幅西南角坐标千米数编号法如图 1-6-7 所示。

图 1-6-7　图幅西南角坐标千米数编号法

4. 大比例尺地形图数字测图概述

数字测图包括地面数字测图、地图数字化和数字摄影测量等，本书仅简要介绍地面数字测图的方法。地面数字测图是利用全站仪或其他测量仪器在野外进行数字化地形数据采集，在成图软件的支持下，通过计算机加工处理获得数字地形图的方法，其成果是可供计算机处理、远距离传输、多方共享的以数字形式储存在计算机存储介质上的数字地形图，也可是通过数控绘图仪打印的地形图图纸。数字地形信息是建立地理信息系统的基础信息，当前，地面数字测图已成为获取大比例尺数字地形图、各类地理信息系统以及空间数据更新的主要方法。大比例尺测图除测绘地形图外，还可测绘地籍图、房产图和地下管线图等，它们的基本测绘方法是相同的，并具有本地统一的平面坐标系统、高程系统和图幅分幅方法。

测图时首先进行图根控制测量，图根平面控制点的布设可采用导线、三角及交会以及 GPS

RTK 等方法。大比例尺测图野外数据的采集可采用碎部点测量方法,其可分为全站仪测量方法和 GPS RTK 测量方法。

全站仪测量方法应用广泛,有较高的观测精度。若观测条件允许,也可采用 GPS RTK 测定碎部点,将会直接得到碎部点的坐标和高程。将野外采集的碎部点信息导入专业的数字绘图软件中,如 CASS 9.2 等,经过内业绘图处理,并输入与绘图有关的其他信息,就可生成图形文件。

利用全站仪能同时测定距离、角度、高差,提供待测点的三维坐标,将仪器野外采集的数据,结合计算机、绘图仪以及相应的软件,就可以实现自动化测图。

结合不同的电子设备,全站仪数字化测图主要有三种模式,如图 1-6-8 所示。

图 1-6-8   全站仪测图模式

1) 结合电子平板模式

该模式是以便携式电脑作为电子平板,通过通信线直接与全站仪通信、记录数据来实时成图的,因此它具有图形直观、准确性强、操作简单等优点,即使在地形复杂的地区,也可现场测绘成图,避免野外绘制草图。目前这种模式的开发与研究相对比较完善,由于便携式电脑性能和测绘人员综合素质的不断提高,因此它符合今后的发展趋势。

2) 采用全站仪内存模式

该模式使用全站仪内存或自带记忆卡,把野外测得的数据通过一定的编码方式直接记录,同时在野外现场绘制复杂地形草图,供室内成图时参考对照。因此,该模式操作简单,无须附带其他的电子设备;直接存储野外观测数据,纠错能力强,可进行内业纠错处理。随着全站仪存储能力的不断增强,此模式在进行小面积地形测量时具有一定的灵活性。

3) 加电子手簿或高性能掌上电脑模式

该模式通过通信线将全站仪与电子手簿或掌上电脑相连,把测量数据记录在电子手簿或便携式电脑中,同时可以进行一些简单的属性操作,并绘制现场草图。内业时把数据传输到计算机中,进行成图处理。掌上电脑携带方便,采用图形界面交互系统,可以对测量数据进行简单的编辑,减少了内业工作量。随着掌上电脑处理能力的不断增强,科技人员正进行针对全站仪的掌上电脑的二次开发工作,此方法会在实践中进一步完善。

用全站仪测绘地形图的外业操作为:将全站仪安置在测站点上,图板放在测站旁;安置好全站仪后,量取仪器高 i,打开全站仪的电源开关,对全站仪进行水平度盘定位;分别将棱镜常数及仪器高 i 通过键盘输入全站仪中,同时将测站点高程和棱镜高度输入全站仪中,然后瞄准后视点,并使水平度盘读数为 $0°0'00''$,作为测站定位的起始方向;在欲测的碎部点上立棱镜,用全站仪瞄准棱镜,在显示屏上读取水平角、水平距离和碎部点的高程。

任务 **2** 大比例尺地形图的应用

●●●

地形图具有丰富的信息,在地形图上可以获取地貌、地物、居民点、水系、交信、通信、管线、农林等多方面的自然地理和社会政治、经济信息,因此,地形图是工程规划、设计的基本资料。在地形图上可以确定点位、点与点间的距离、直线的方向、点的高程和两点间的高差,此外还可以在地形图上勾绘出分水线、合水线,确定某范围的汇水面积,计算土石方量等。设计道路时,可在地形图上绘出道路经过处的纵、横断面图。由此可见,地形图广泛应用于各行各业。

1. 大比例尺地形图的基本应用

1) 确定点的空间坐标

大比例尺地形图内图廓的四角注有实地坐标值。如图 1-6-9 所示,欲在地形图上求出 A 点的坐标,可在 A 点所在格网上作平行于格网的平行线 mn、pq,然后按测图比例尺量出 mA 和 pA 的长度,则 A 点的平面坐标为

$$\begin{cases} x_A = x_0 + mA \\ y_A = y_0 + pA \end{cases} \tag{6-2}$$

式中,x_0、y_0 为 A 点所在坐标格网中那一个方格的西南角坐标,例如,在图 1-6-9 中,$x_0 = 500 \text{ m}$,$y_0 = 1300 \text{ m}$。

如果 A 点恰好位于图中某一条等高线上,则 A 点的高程与该等高线的高程相同。例如,在图 1-6-10 中,A 点位于两等高线之间,则可通过 A 点画一条垂直于相邻等高线的线段 mn,则 A 点的高程为

$$H_A = H_m + \frac{mA}{mn}h \tag{6-3}$$

1:1000

图 1-6-9 点位的坐标测量

图 1-6-10 图上求点的高程 1

式中,H_m 为过 m 点的等高线的高程,h 为等高距。由此可见,在地形图上很容易确定 A 点的空

间坐标(x_0, y_0, H_A)。

2）确定直线的距离、方向、坡度

如图1-6-9所示，欲求A、B两点间的距离，应先按式(6-2)求出A、B两点的坐标，则A、B两点间的距离为

$$D_{AB} = \sqrt{(x_B - x_A)^2 + (y_B - y_A)^2} \tag{6-4}$$

A、B两点所在直线的方位角为

$$\alpha_{AB} = \arctan \frac{y_B - y_A}{x_B - x_A} \tag{6-5}$$

A、B两点所在直线的坡度为

$$i = \frac{H_B - H_A}{D_{AB}} \tag{6-6}$$

式中，H_B、H_A分别为B点、A点的高程，D_{AB}为A、B两点间的距离。

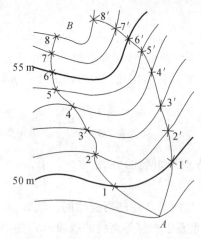

图1-6-11　图上求点的高程2

3）确定指定坡度的路线

在初步设计路线阶段，一般先在地形图上根据设计要求的坡度选择路线的可能走向。如图1-6-11所示，地形图比例尺为1∶1000，等高距为1 m，要求从A地到B地选择坡度不超过4％的路线。为此，先根据4％的坡度求出相邻等高线间的最小平距，即$d = h/i = 1/0.04$ m $= 25$ m(式中h为等高距)，即在比例尺为1∶1000的地形图上，以A点为圆心，以2.5 cm为半径作弧，与50 m等高线交于1点，再以1点为圆心作弧，与51 m等高线交于2点，依次定出3、4……各点，直到B地附近，即得坡度不大于4％的路线。在该地形图上用同样的方法还可定出另一条路线$A1'2'$……$8'$，可以作为比较方案。

2. 大比例尺地形图的工程应用

1）绘制确定方向的断面图

根据地形图可以绘制沿任一方向的断面图。断面图能直观地显示某一方向线的地势起伏形态和坡度陡缓，在许多地面工程设计与施工中，它都是重要的资料。绘制断面图的方法如下。

(1)规定断面图的水平比例尺和垂直比例尺。通常水平比例尺与地形图比例尺一致，而垂直比例尺需要扩大，一般要比水平比例尺扩大5～20倍。因为在多数情况下，地面高差大小相对于断面长度来说，还是微小的。如图1-6-12所示，为了更好地显示沿线的地形起伏，水平比例尺为1∶50 000，垂直比例尺为1∶5000。

(2)按图1-6-12中AB线的长度绘一条水平线，如图中的ab线，作为基线(因断面图与地形图水平比例尺相同，所以ab线长度等于AB线长度)，并确定基线所代表的高程。基线高程一般略低于图中的最低高程。例如，图1-6-12中河流最低处高程约为110 m，则基线高程定为110 m。

(3)作基线的水平线，平行线间距按垂直比例尺和等高距计算。例如，图1-6-12中等高距为10 m，垂直比例尺为1∶5000，则平行线间隔为2 mm，并在平行线一边注明其所代表的高程，

如 110 m、120 m、130 m……。

（4）在地形图上量取 A 点至各交点及地形特征点 c、d、e 的水平距离，并按作图比例尺把它们标注在横轴上，通过这些点作基线的垂线，垂线的端点由各点的高程决定。例如，在图 1-6-12 所示的地形图上，d 点的高程为 126 m，则断面图上过 d 点的垂线的端点在代表 126 m 的平行线上。

（5）将各垂线的端点连接起来，即得到表示实地断面方向的断面图。

绘制断面图时，若使用毫米方格纸，则更加方便。

2）确定汇水面积

当道路跨越河流或沟谷时，需要修建桥梁和涵洞。桥梁和涵洞的孔径大小，取决于河流或沟谷的水流量，水流量的大小则取决于汇水面积的大小。汇水面积是指汇集在某一区域内的水流量的面积。汇水面积可由地形图上的山脊线的界线求得，用虚线连接的山脊线所包围的面积，就是过桥梁或涵洞断面的汇水面积。

3）几何图形面积量算

在设计施工中经常会碰到平面图形面积的测量和计算问题。计算实地面积时，固然可以进行实测，但在地形图上量算则更为经济简便。若地形图为计算机存储的数字电子地图，则可应用 AutoCAD 等软件进行面积量算，非常方便；若为纸质的地形图，可按下面的方法进行面积量算。

（1）方格法计算面积。

在大比例尺地形图上绘制有公里网格时，可按图形占据的方格数计算面积。

（2）按梯形计算面积。

将绘有间距相等的平行线的透明纸盖在所要量算面积的图形上，如图 1-6-13 所示，整个图形被平行线分割成若干个等高梯形，每一个梯形内的虚线是梯形的中线，平行线间距 k 为各梯形的高，则梯形的总面积为

$$S_1 = (ab + cd + ef + gh + Rl) \cdot k \tag{6-7}$$

图 1-6-12　绘制地形断面图

图 1-6-13　按梯形计算面积

再加上两端的三角形面积，就是所求图形的面积。将所求的图形面积换算为实地面积时，需乘以该图比例尺分母的平方。

图 1-6-14　等高线法

3. 土石方量估算

1) 等高线法

先量出各等高线所包围的面积,相邻两等高线包围的面积的平均值乘以等高距,就是两等高线间的体积(即土石方量)。因此,可从施工场地的设计高程的等高线开始,逐层求出各相邻等高线间的土石方量。如图 1-6-14 所示,图中等高距为 2 m,施工场地的设计高程为 35 m,图中虚线即为设计高程的等高线。分别求出 35 m、36 m、38 m、40 m、42 m 五条等高线所围成的面积 A_{35}、A_{36}、A_{38}、A_{40}、A_{42},则每一层的土石方量为

$$V_1 = \frac{1}{2}(A_{35} + A_{36}) \times 1$$

$$V_2 = \frac{1}{2}(A_{36} + A_{38}) \times 2$$

$$\vdots$$

$$V_5 = \frac{1}{3}A_{42} \times 0.8$$

最后可得到总土石方量为

$$V = V_1 + V_2 + V_3 + V_4 + V_5 \tag{6-8}$$

2) 断面法

在地形起伏较大的地区,可用断面法来估算土石方量。这种方法是在施工场地范围内,以一定的间隔绘出断面网,求出各断面由设计高程线与地面线所围成的填、挖面积,然后计算相邻断面间的土石方量,最后求和,即为总土石方量。

图 1-6-15 所示为比例尺为 1∶1000 的地形图,等高距为 1 m,施工场地设计标高为 32 m,先在图上绘出互相平行的、间距为 1 m 的断面方向线 1—1,2—2,…,5—5,并绘出相应的断面图,分别求出各断面的设计高程线与地面线包围的填、挖方面积 A_T、A_w,然后计算相邻两断面间的填、挖方量。图中 1—1 和 2—2 断面间的填、挖方量为

$$\begin{cases} V_T = \frac{1}{2}(A_{T1} + A_{T2}) \\ V_w = \frac{1}{2}(A_{w1} + A_{w2}) \end{cases} \tag{6-9}$$

图 1-6-15　断面法

同理可计算其他断面间的填、挖方量,最后分别将所有的填方量、挖方量累加,便可得到总的土石方量。

3)方格网法

该方法用于地形起伏不大,且地面坡度有规律的地方。施工场地的范围较大时,可用这种方法估算土石方量,其步骤如下。

(1)打方格。

在拟施工的范围内打上方格,方格的边长取决于地形变化的大小和要求估算土石方量的精度,一般取 10 m×10 m,20 m×20 m,50 m×50 m 等。

(2)根据等高线确定各方格顶点的高程,并注记在各顶点的上方。

(3)把每一个方格的四个顶点的高程相加,然后除以 4,得到每一个方格的平均高程,再把各个方格的平均高程相加,除以方格数,即得设计高程,这样求得的设计高程可使填、挖方量基本平衡。从上述计算过程中不难看出,角点 $A1$、$A4$、$B5$、$E1$、$E5$ 的高程只用到一次,边点 $B1$、$C1$、$D1$、$E2$、$E4$……的高程用到两次,拐点 $B4$ 的高程用到三次,中点 $B2$、$B3$、$C2$、$C3$……的高程用到四次,因此设计高程的计算公式为

$$H_设 = \frac{\sum H_角 \times 1 + \sum H_边 \times 2 + \sum H_拐 \times 3 + \sum H_中 \times 4}{4n}$$ (6-10)

式中,n 为方格总数。

将图 1-6-16 中的数据代入式(6-10),求出设计高程为 64.84 m,在地形图中按内插法绘出 64.84 m 的等高线(即图中的粗实线),它就是填、挖的分界线,又称为零线。

(4)计算填、挖高度(即施工高度)。

$$h = H_地 - H_设$$ (6-11)

式中:h 为填、挖高度,正数为开挖深度,负数为回填高度;$H_地$ 为地面高程;$H_设$ 为设计高程。

(5)计算填、挖方量。

填、挖方量要按下式分别计算,根据方格四个角点的填、挖高度符号的不同,可选择以下四种情况之一来计算各方格的填、挖方量。方格填、挖方量计算图如图 1-6-17 所示。

① 四个角点均为挖方或填方:

$$V = \frac{h_a + h_b + h_c + h_d}{4} \times A$$ (6-12)

② 相邻两个角点为填方,另外两个角点为挖方:

$$\begin{cases} V_W = \dfrac{(h_a + h_c)^2}{4(h_a + h_b + h_c + h_d)} \times A \\[4mm] V_T = \dfrac{(h_b + h_d)^2}{4(h_a + h_b + h_c + h_d)} \times A \end{cases}$$ (6-13)

③ 三个角点为挖方,一个角点为填方:

$$\begin{cases} V_W = \dfrac{2h_b + 2h_c + h_d - h_a}{6} \times A \\[4mm] V_T = \dfrac{h_a^3}{6(h_a + h_b)(h_a + h_c)} \times A \end{cases}$$ (6-14)

如果三个角点为填方,一个角点为挖方,则上下两个公式等号右边的算式对调。

图 1-6-16　方格网法

④ 相对的两个角点为连通的填方，另外相对的两个角点为独立的挖方：

$$\begin{cases} V_{\text{T}} = \dfrac{2h_a + 2h_d - h_b - h_c}{6} \times A \\[3mm] V_{\text{W}} = \left(\dfrac{h_b^3}{(h_a + h_b)(h_b + h_d)} + \dfrac{h_c^3}{(h_a + h_c)(h_c + h_d)} \right) \times \dfrac{A}{6} \end{cases}$$

(6-15)

如果相对的两个角点为连通的挖方，另外相对的两个角点为独立的填方，则上下两个公式等号右边的算式对调。

最后将所有的填、挖方量各自相加，即得总的填、挖方量，两者应基本相等。

图 1-6-17　方格填、挖方量计算图

习题

一、填空题

1.地形图图式中的符号有三种,即_____、_____、_____,它们是测绘图和用图的重要依据。

2.等高线的种类有_____、_____、_____三种。

3.地形图比例尺可分为_____比例尺和_____比例尺。

4.碎部点坐标测量常用的方法有_____、_____距离交会法、直角坐标法等。

5.地形图的分幅可分为两种:一种是按_____划分的梯形分幅法,一种是按坐标格网划分的_____。

6.地物符号可分为比例符号、_____符号和_____符号。

7.等高线越密,说明该处的地势越_____;等高线越稀,说明该处的地势越_____。

8.土石方估算常用的方法有_____法、_____法和_____法。

二、选择题

1.比例尺为 1∶5000 的地形图的比例尺精度是( )。

A.5 m   B.0.1 mm   C.5 cm   D.50 cm

2.下列关于等高线的叙述错误的是( )。

A.高程相等的点在同一高程的等高线上

B.等高线必定是闭合曲线,如果在本幅图没闭合,则在相邻的图中闭合

C.等高线在任何情况下都不会分叉、相交或合并

D.等高线经过山脊线与山谷线正交

3.某地形图的一部分如图 1-6-10 所示,三条等高线所表示的高程如图所示,A 点位于 mn 的连线上,图上 A 点到 m 点和 n 点的水平距离分别为 $mA=3$ mm,$nA=2$ mm,则 A 点的高程为( )。

A.36.4 m   B.36.6 m   C.37.4 m   D.37.6 m

4.下列选项中不属于地性线的是( )。

A.山脊线   B.山谷线   C.山脚线   D.等高线

5.在比例尺为 1∶1000 的地形图上,A、B 两点间的高差为 3 m,距离为 0.10 m,则 A、B 两点连线的坡度为( )。

A.1%   B.2%   C.3%   D.4%

6.一张地形图上,等高线的平距越大,说明( )。

A.等高距越大   B.地面坡度越陡   C.等高距越小   D.地面坡度越缓

7.对于等高线而言,下列哪种说法是错误的( )。

A.同一等高线上的点的高程相等

B.等高线一定是闭合的连续曲线

C.等高线在任何地方都不会相交

D.等高线与山脊线、山谷线正交

8.道路纵断面图的高程比例尺通常比水平距离比例尺( )。

A. 小 1 倍　　　　　　B. 小 10 倍　　　　　　C. 大 1 倍　　　　　　D. 大 10 倍

9. 相邻两条等高线之间的高差称为(　　　)。

A. 等高线平距　　　　B. 等高线高程　　　　C. 等高距　　　　　　D. 等高线间距

10. 我国基本比例尺地形图采用(　　　)分幅方法。

A. 矩形　　　　　　　B. 正方形　　　　　　C. 梯形　　　　　　　D. 圆形

模块 ② 实训部分

项目

1

测量实训须知

1. 测量实训目的

"建筑施工测量"是高职高专建筑工程技术专业及土建类相关专业必修的一门专业核心技能课程,本课程包括测量知识讲授、测量单项技能实训及施工测量实训专用周三个教学环节。在课程教学过程中,为掌握所学测量知识,提升学生的测量技能水平,必须进行一定量的测量实践训练,采用"教、学、做"一体化教学方式,开展测量仪器的操作及应用等单项实训教学活动,并开展测量课程实训专用周技能综合训练,为学生掌握施工测量基本知识、操作方法及技能奠定基础。

建筑施工测量实训的目的有如下几点。

(1)掌握常用测量仪器及配套工具的操作及使用方法。

(2)掌握施工测量工作的施测方法,掌握观测数据的记录与处理方法,以及观测成果的检核、验算方法。

(3)掌握施工测量工作的实施流程和施测步骤,在建筑工程施工测量实践活动中逐步培养发现问题、解决问题的能力。

(4)培养严谨认真的工作作风、团结协作的团队意识、吃苦耐劳的坚韧品质。

2. 测量实训的基本流程

测量实训的基本流程如下。

(1)测量实训以 4~5 人为 1 个作业小组进行,采取小组长负责制,各班学习委员(或班长)向指导教师提供分组名单,确定各小组的负责人。

(2)测量实训开始前,学生应仔细阅读施工测量教材中的相关内容,预习相应的实训项目,以明确实训目的和学习任务,搞清楚相关测量概念和训练项目的操作要领,了解实训过程中的各个注意事项,并按本实训教材中的各实训项目的要求,在实训课前准备好必备的工具,如铅笔、小刀等,以便能顺利地完成实训任务。

(3)测量实训是本课程教学组织的重要环节,在实施过程中可采用"教、学、做"一体化的教学模式,学生不得无故缺席;测量实训应按教学授课计划在规定的时间和场地进行,不得随意改变教学地点。在实训教学活动中,学生应认真观摩指导教师所做的操作示范,并体会、理解指导教师讲解的实训操作要点;在分组实训过程中,学生应严格按各仪器的操作规程使用仪器,开展实训操作活动。学生必须在实训指导教师的指导下,依据现行的测量规范,按照规定的测量技术指标、精度指标、方法和程序,严谨细致地工作,确保测量成果真实可靠。

(4)每次测量实训结束后,每个小组应提交当次实训的观测数据表及数据处理成果表,每位学生应提交实训报告,以此作为实训指导教师评定作业小组及成员每次实训成绩的依据。

3. 测量实训的基本要求

(1)测量工作是一项技术性、操作性很强的工作,必须高度重视各实训项目中的实训内容和具体操作方法,以确保达到测量实训的目的及效果,切不可流于形式。

(2)在测量实训活动过程中,应严格遵守相关测量规范及本实训教材列出的相关规定,遵守实训课堂纪律,注意聆听指导教师的讲解,实训报告的填写必须规范。

(3)各测量实训的具体操作应按各实训项目任务的规定及步骤进行,遇到问题应及时向指导教师提出。实训中若仪器出现故障,必须及时向指导教师报告,不可随意自行处理。

(4)测量工作是一项集体作业,因此,每个实训作业小组的所有成员必须合理分工、密切配合、团结协作,共同完成实训任务,并要求每位成员均能掌握各操作要领。

(5)实训过程中,严禁一切违纪行为,必须注意人员安全以及测量仪器和配套设备的安全。

4. 测量数据记录及成果处理

1)测量数据记录

(1)所记录的测量数据是重要的原始观测资料,是内业数据处理的依据,应保证其真实性,严禁伪造,谨防丢失。

(2)测量数据应用2H铅笔书写,字高应稍大于格子的一半,字脚靠近底线,字迹应工整、清晰。一旦记录中出现错误,可在留出的空隙处对错误的数字进行更正。

(3)记录观测数据之前,应将表头栏目填写齐全,不得空白。凡记录表格上规定填写的项目,应填写齐全。

(4)观测过程中坚持回报制度。观测者读完读数后,记录者复诵,防止读错、听错或记错。得到观测者默许后,方可记入观测手簿表格中。若记录者复诵错误,观测者应及时纠正,然后记录者再记录于观测手簿表格中。

(5)读数和记录数据的位数应齐全,不得随意缺省。例如,在普通水准测量中,水准尺的读数为0325,度盘的读数为 $4°03'06'$,其中的"0"均不能省略。

(6)观测数据必须直接填写在规定的表格内,不得用其他纸张记录再进行转抄。

(7)测量数据严禁擦拭、涂改、挖补。发现错误后,应在错误处用细横线将其划去,将正确的数据写在原数据的上方,不得使原数据模糊不清。淘汰某整个部分时,可用斜线将其划去,保持被淘汰的数据仍然清晰。所有记录的修改和观测成果的淘汰,均应在备注栏内注明原因(如测错、记错或超限等)。但观测数据的尾数出错时不得更改,而必须重测重记。

(8)严禁连环修改。若已修改了平均数,则不能再改动计算得此平均数的任何一个原始数据;若已改正了一个原始数据,则不准再改其平均数;假如两个数据均错误,则应重测重记。即相关的记录数据只能改正一个。

(9)凡作废的记录或页码,应从左下角至右上角用细实线划去,不得涂抹或删页,并在备注栏注明原因。

(10)应保持原始记录的整洁,严禁在记录表格内外和背面书写无关的内容。

(11)每个测站观测结束后,应在现场完成数据的计算和检核,确认合格后方可迁站。实训结束后,按规定每个小组(或每人)应提交一份记录手簿,且每人应提交一份实训报告。

2)观测数据计算和成果处理

(1)外业观测数据计算。

根据外业观测数据,完成外业的相关计算,并对观测结果进行计算检核和精度检核。观测结果若达到规定的精度要求,可进行后续的内业数据计算处理工作;否则应查找原因,进行补测或重测。

(2)内业数据计算处理。

内业数据的计算处理应按内业计算不得降低外业观测精度的原则进行。

观测值的平差值计算:根据闭合差及其影响因素计算改正数,进而求出观测值的平差值。

推算元素计算:观测值函数的最或然值(即算术平均值),应根据起算数据、观测值的平差值按相应的函数关系进行推算。

精度评定:按相应的计算公式进行评定。

(3)测量计算应遵循的规定。

测量计算应遵循"步步有检核"的规定,完成规定的计算检核项目。本步检核未通过,则不得进行下一步计算,以确保计算结果的正确性,避免不必要的返工。

(4)数值的近似计算。

有效数字:如果一个近似数的最大凑整不超过该数最末位的 0.5 个单位,则从这个数字起,一直到该数最左边第一个不为零的数为止,称为该数的有效数字,并用其位数表示。

数值舍入规定:"4 舍 6 入,5 前单进双不进",即舍去部分的数值大于所保留末位的 0.5 个单位时,末位加 1;舍去部分的数值小于所保留末位的 0.5 个单位时,末位不变;舍去部分的数值恰好等于所保留末位的 0.5 个单位时,末位凑整为偶数。如 1.314 4、1.313 6、1.314 5、1.313 5 等数,若取三位小数,则均记为 1.314。

数字运算中的取位:对于加减运算,以小数位最少的数为标准,其余各数均凑整成比该数多一位的数;对于乘除运算,积的有效数字的个数与计算因子中有效数字个数最少的相同,最后结果的有效数字应不超过原始资料的有效数字。

5. 测量仪器及配套设备的借领及归还规定

(1)每次实训所需的仪器及配套设备均应在各项实训项目任务中载明(或根据指导教师提交的实训计划定出仪器设备),学生应以小组为单位在上实训课之前凭学生证向测量仪器室借领。

(2)借领时,各实训小组依次派 1～2 人进入仪器室,在指定地点清点、检查仪器及配套设备,发现问题及时请仪器室教师(或管理员)处理,确认无误后,在仪器使用台账登记簿上填写班级、组号及日期,并由小组长签名后将学生证交给仪器室教师(或管理员)。仪器拿到实训场地开箱后,要认真检查,发现问题应在借出后 30 分钟内报告指导教师或送回仪器室;否则一旦发现问题,要承担相应的赔偿责任。

(3)每次实训时,应提前 10 分钟到仪器室办理仪器借领手续,不得无故迟到,上课 15 分钟后不再办理仪器借领手续。

(4)仪器借出后,要在规定的时间内完成实训项目的任务;补做实训的学生,要抓紧时间补做。实训完成并检查合格后,应尽快清点、清理并归还仪器,不得无故拖延时间。

(5)实训过程中,各小组应妥善保护仪器,各小组间不得任意调换仪器。若仪器有损坏或遗失,视情节依照仪器丢失、损坏赔偿规定处理。

(6)所借仪器仅供实训期间使用,未经许可不得擅自带回宿舍或在其他地方存放。

(7)每次实训结束后,各小组应将所借用的仪器及配套设备上的泥土清扫干净后再交还仪器室,由仪器室教师(或管理员)检查所借仪器及配套设备,经验收合格后,将学生证退还给学生。

6. 仪器设备丢失、损坏赔偿规定

（1）爱护公物，人人有责。对于实验与实训所用的仪器，每个使用者都应加倍珍惜、妥善保管，防止损坏或丢失。一旦造成仪器设备损坏或丢失，应视情节轻重予以处理。

（2）因责任事故或违反操作规程而造成仪器设备损坏或丢失的，均应赔偿。在处理赔偿事宜时，视损坏或丢失仪器设备的价值、损坏程度，当事人事后的认知态度等具体情况确定赔偿金额。

（3）仪器设备损坏的具体赔偿处理如下。

① 大型精密仪器设备损坏，应填写事故报告单，并及时上报所管系部和学院处理。被损坏的仪器设备应由损坏者负责修复；确实无法修复的，应由学院组织鉴定报废。赔偿金额原则上按原价折旧处理。

② 普通仪器设备损坏，应视损坏程度酌情处理。仪器设备整体损坏，应申请报废，由当事人赔偿损失；仪器设备局部损坏，应赔偿配件费及修理费，或由当事人负责修复。

③ 零小设备损坏，50元以上的酌情处理，50元以下的照价赔偿。

（4）仪器设备丢失的处理：400元以上的仪器设备丢失，要上报所在系部（或学校相关管理部门）处理；零小设备丢失，原则上按原价折旧赔偿。

（5）赔偿程序：仪器设备损坏或丢失后，要及时报告仪器室，仪器室负责仪器收发的教师（或管理员）要责令当事人填写事故报告单，并对发生的情况予以记载，经指导教师签字认可后，交由仪器室或所在系部处理。

7. 测量仪器操作规程

测量仪器是精密的光学仪器，或是光、机、电一体化的贵重设备，正确使用、精心爱护和科学保养测量仪器，是测量人员必须具备的素质，也是保证测量质量、提高工作效率的必要条件。在使用测量仪器时，应养成良好的工作习惯，严格遵守下列规则。

1）一般规定

（1）领取仪器时必须检查：

① 仪器箱盖是否关妥、锁好。

② 背带、提手是否牢固。

③ 脚架与仪器是否相配，脚架各部分是否完好，脚架伸缩处的连接螺旋是否滑丝，要防止因脚架未架牢而摔坏仪器，或因脚架不稳而影响作业。

（2）打开仪器箱时的注意事项：

① 仪器箱应平放在地面上或其他台子上才能开箱，不要托在手上或抱在怀里开箱，以免将仪器摔坏。

② 开箱后未取出仪器前，要注意仪器安放的位置与方向，以免用完仪器后装箱时因安放位置不正确而损坏仪器。

（3）自仪器箱内取出仪器时的注意事项：

① 不论何种仪器，在取出前一定要先松开制动螺旋，以免取出仪器时因强行扭转而损坏制动、微动装置，甚至损坏仪器轴系。

② 自仪器箱内取出仪器时，应一只手握住照准部支架，另一只手扶住基座部分，轻拿轻放，

不要用一只手抓仪器。

③ 自仪器箱内取出仪器后,要随即将仪器箱盖好,以免沙土、杂草等物进入箱内,还要防止搬动仪器时丢失附件。

④ 取拿仪器及使用仪器过程中,要注意避免触摸仪器的目镜、物镜,以免污染目镜、物镜而影响成像质量。不允许用手指或手帕等物去擦拭仪器的目镜、物镜等光学部件。

(4)架设仪器时的注意事项:

① 伸缩式脚架的三条腿抽出后,要把固定螺旋拧紧,但不可用力过猛而造成螺旋滑丝,要防止螺旋未拧紧使脚架自行收缩而摔坏仪器。三条腿拉出的长度要适中。

② 架设脚架时,三条腿分开的跨度要适中,并得太拢容易被碰倒,分得太开容易滑倒,都会造成事故。若在斜坡上架设仪器,应使两条腿在坡下(可稍微放长),一条腿在坡上(可稍微缩短);若在光滑的地面上架设仪器,则要采取安全措施(如用细绳将脚架的三条腿连接起来),防止脚架滑动而摔坏仪器。

③ 在脚架安放稳妥并将仪器放到脚架上后,应一只手握住仪器,另一只手立即旋紧仪器和脚架间的中心连接螺旋。固定仪器时,中心螺旋松紧应适度,以防止仪器脱落或丝扣损坏。

④ 仪器箱多由薄型制料制成,不能承重,因此严禁蹬、坐在仪器箱上。

(5)仪器使用过程中的注意事项:

① 在阳光下观测时必须撑太阳伞,防止仪器日晒;在下雨天,原则上禁止在室外使用仪器进行观测,如实在需要,则应妥善使用仪器,防止仪器及仪器箱淋雨。对于电子测量仪器,在任何情况下均应撑伞防护。

② 在开展测量活动时,任何时候仪器旁必须有人守护,禁止无关人员拨弄仪器,注意防止行人、车辆碰撞仪器。

③ 如遇目镜、物镜外表面蒙上水汽而影响观测(在冬季较常见),应稍等一会或用纸片扇风,使水汽蒸发;如镜头上有灰尘,应用仪器箱中的软毛刷拂去,严禁用手帕或其他纸张擦拭,以免擦伤镜面。观测结束后应及时套上物镜盖。

④ 操作仪器时,用力要均匀,动作要准确、轻捷。制动螺旋不宜拧得过紧,微动螺旋和脚螺旋宜使用中段螺纹,用力过大或动作太猛都会造成仪器损伤。

⑤ 转动仪器时,应先松开制动螺旋,然后平稳转动。使用微动螺旋时,应先旋紧制动螺旋。

(6)仪器迁站时的注意事项:

① 当要远距离迁站或要通过行走不便的地区时,必须将仪器装箱后再迁站。

② 在近距离且平坦地区迁站时,可将仪器连同三脚架一起搬迁。首先检查连接螺旋是否旋紧,松开各制动螺旋,再将三脚架腿收拢,然后一只手托住仪器的支架或基座,一只手抱住脚架,稳步行走。搬迁时切勿跑行,以防止摔坏仪器,严禁将仪器横扛在肩上搬迁。

③ 迁站时要清点所有的仪器和工具,防止丢失。

(7)仪器装箱时的注意事项:

① 仪器使用完毕后,应及时盖上物镜盖,清除仪器表面的灰尘和仪器箱、脚架上的泥土。

② 仪器装箱前,要先松开各制动螺旋,将脚螺旋调至中段并使其大致等高,然后一只手握住支架或基座,另一只手将中心连接螺旋旋开,双手将仪器从脚架上取下并放入仪器箱内。

③ 仪器装入箱内后要等试盖一下,若箱盖不能合上,则说明仪器未正确放置,应重新放置,严禁强压箱盖,以免损坏仪器。在确认仪器安放正确后,再将各制动螺旋略微旋紧,防止仪器在箱

内自由转动而损坏某些部件。

④ 清点箱内附件,若无缺失,将箱盖盖上,扣好搭扣,上锁。

2) 水准仪操作规程

(1) 安置水准仪时,应尽量使前后视距相等。

(2) 水准仪安置后,在整个观测过程中,任何情况下观测者都不得擅自离开仪器,以确保仪器安全。

(3) 观测过程中,应按规定的方法和程序进行操作,正确使用水准仪各个有关部件。微动及微倾螺旋应始终用其中部,二者旋转到位后,不能强行转动,以免脱落。摩擦制动的仪器无此项限制。

(4)对于自动安平水准仪,在使用前和使用中,应随时检查其补偿器是否正常工作;采用阻尼器的水准仪,每次读数前,应先按下阻尼器的按钮,使其释放,待其稳定后方可读数。

(5)迁站时,水准仪可与三脚架一起搬迁,但事先必须检查并确认中心螺旋的可靠性,并用一只手抱住脚架,一只手托扶仪器,不许扛着脚架搬迁。

3) 经纬仪操作规程

(1) 经纬仪使用前后,应仔细检查照准部的固定螺旋是否拧紧,使用过程中不得擅自松动。

(2) 观测过程中,应按规定的方法和程序进行操作,正确使用经纬仪各个有关部件。微动螺旋应始终用其中部,且在制动后使用。微动螺旋到位后,不能强行转动,以免脱落。

(3) 观测过程中,严禁直接照准太阳,以免灼伤眼睛。

(4)使用测微轮时应轻转,且在读数前务必按旋进方向旋动测微轮,不得强行转动测微轮。

(5) 对于装有竖盘指标自动补偿器的经纬仪,在进行竖直角观测时,应将补偿器的开关打开,并检查其工作情况是否良好,其余时间应使补偿器关闭;对于采用磁阻尼的经纬仪,每次读数前应先按下阻尼器的按钮,使其释放,稳定后方可读数。

(6) 经纬仪装箱前,基座上的三个脚螺旋均应收回,制动螺旋应松开,垂球线应缠在线板上,箱内一切设备复位后,方可旋紧制动螺旋,锁上镜箱。

(7) 迁站时,原则上应将经纬仪装箱。距离较短时,可与三脚架一起搬迁,但事先必须检查并确认中心连接螺旋的可靠性,并用一只手抱住脚架,一只手托扶仪器行走,不许扛着脚架搬迁。

4) 全站仪操作规程

(1) 全站仪应指定专人负责保管。保管人员应按规定的时间对其所用电池进行充、放电。若全站仪较长时间不用,应将电池取出放置。全站仪使用后应及时做好使用情况的记载工作。

(2) 全站仪操作者应是经过专门培训且成绩合格的人员,严禁未经培训的人员上机操作。全站仪使用前,操作者应先仔细阅读操作手册,以便按正确的方法和程序进行操作。操作者应负责全站仪的操作及安全等事项。

(3) 学生实训时,指导教师须仔细讲解全站仪性能、主要部件及其作用、操作要领以及注意事项等,并亲临现场指导,负责全站仪的安全管理。

(4)测站应尽量设在安全且便于观测的地方,若必须设在困难地段,则应采取防护措施,以确保仪器安全。测站宜避免设在电磁波干扰较大的地方,若必须在此设站,则测线应离开波源一定距离,以防止电磁波干扰而造成测量结果出错。

（5）全站仪应保持干燥，以避免各光学部件发霉及传导组件锈蚀。

（6）安置全站仪时，各部件及通信电缆应连接可靠、有效。

（7）照准反射棱镜后，视场内不得有任何发光或反光物体，防止杂波干扰而造成信号混乱。

（8）观测过程中，任何情况下都不得直接照准太阳，必要时应撑遮阳伞，以免太阳光聚焦而烧坏主要部件。

（9）天气炎热时，为确保测量精度，宜撑遮阳伞，避免阳光直射。

（10）迁站时，应装箱搬运，严禁连同脚架一起搬迁。

5）配套工具使用规则

（1）水准尺。

① 使用水准尺时，应将其零端立于水准点或尺垫上。

② 立尺时，应用双手握住尺子的把手，且手指不应按在尺上注记分划处，以免遮挡注记分划而影响读数。

③ 测量时，水准尺应竖立在尺垫凸起的最高处。

④ 带圆水准器气泡的水准尺，应使气泡居中；没有气泡的，读数时应使尺子尽量铅直且稳定。

⑤ 水准尺不使用时，应靠墙竖立或平放在平坦地面上，不得将水准尺斜靠在墙上、树身上或电线杆上，严禁在尺身上坐卧。

⑥ 严禁用水准尺扛抬仪器或其他物品。

（2）钢尺。

① 钢尺在拉出或卷回时，要防止打圈折断。

② 在行车较多的道路上使用钢尺时，要防止其被碾压。

③ 在比较潮湿或有水的地方使用钢尺后，应及时上油，以免锈蚀。

④ 使用钢尺时，应注意区分端点尺和刻线尺，以免出错。

（3）尺垫。

① 尺垫只能用在转点上，已知点和未知点上均不得安放尺垫。

② 在松软的地面上，尺垫应踏实，以免下沉；在路面或其他坚硬的地方，尺垫应放置稳妥。

③ 尺垫由铸铁制成，容易碎裂，使用时应小心落地，谨防损坏。

（4）其他辅助测量工具。

① 使用皮尺时应避免沾水，若沾水，则应晾干后再卷入皮尺盒内。收卷皮尺时，切忌扭转卷入。

② 使用花杆时，应注意防止受横向压力，不得将花杆斜靠在墙上、树身上或电线杆上，以防止其倒下而摔断，也不允许在地面上拖曳或用花杆作标枪投掷。

③ 小件工具如垂球、插钎、拉力计、温度计及钢卷尺等，应用完即收，防止遗失。

8. 测量单项训练与课程实训周成绩评定办法

（1）测量实训是课程教学的重要环节，指导教师应对参加实训的学生进行考核。

（2）考核的主要依据是出勤情况、实际操作技能（可安排考核）及实训报告完成情况。

（3）测量单项训练的成绩按一定比例（即权重）纳入本门课程期终考试成绩。

（4）学生应独立完成实训任务，并提交实训报告，不得抄袭；成图应以原始资料为准绘制，不得映绘,否则以不及格计。

(5)无故未提交成果资料和实训报告或伪造成果者,均以不及格计。

(6)学生不得无故缺席或迟到、早退。迟到 10 分钟以上者,取消其本次实训资格;累计缺席次数超过课程实验与实训总次数的 1/3 者,不得参加考试,实训成绩以不及格计。

(7)测量课程设置综合实训周(一般为两周),综合实训内容根据指导教师的安排确定,综合实训成绩将作为建筑工程测量实训课程的成绩,成绩评定采用五级制,成绩评定为过程加成果考核,主要考核内容同上。

项目 2

测量基本工作实训

任务 1 测量基本工作之角度测量实训

实训任务1 经纬仪(全站仪)的认识和操作实训

1. 实训目的

(1) 了解 DJ$_6$ 型光学经纬仪(全站仪)的构造与性能,各操作部件、螺旋的名称和作用,熟悉经纬仪(全站仪)的操作方法。

(2) 熟悉全站仪操作面板的主要功能。

(3) 掌握全站仪的基本操作方法。

2. 实训器材

每组 1 台经纬仪(1 套全站仪)、1 根花杆(2 组棱镜)、记录板。

3. 实训内容

(1) 了解经纬仪(全站仪)各部分的构造及作用,并熟悉经纬仪各部件的名称。

(2) 练习经纬仪(全站仪)的对中、整平。

① 对中:把经纬仪水平度盘的中心安置在所测角顶点的铅垂线上。

对中的方法是先将三脚架安置在测站点上,架头大致水平,踏牢三脚架,用连接螺旋将经纬仪固定在三脚架上。此时若偏离测站点较远,则须将三脚架作平行移动;若偏离测站点较近,可将连接螺旋放松,在三脚架架头上移动仪器基座,使其准确地对准测站点,然后再旋紧连接螺旋。如果使用带有光学对点器的仪器,可通过光学对点器进行对中。采用光学对点器进行对中的做法是将仪器置于测站点上,使架头大致水平,三个脚螺旋的高度适中,光学对点器大致在测站点的铅垂线上,转动光学对点器的目镜,看清分划板中心圈(十字丝),再拉动或旋转目镜,使测站点影像清晰。若中心圈(十字丝)与测站点相距较远,则应平移脚架,而后旋转脚螺旋,使测站点与中心圈(十字丝)重合。伸缩架腿,粗略整平圆水准器,再用脚螺旋使圆水准器气泡居中,这时可移动基座进行精确对中,最后拧紧连接螺旋。有些全站仪采用激光对点器,其对中方法是在全站仪操作面板上按＊键,打开激光对点功能,其余操作同光学对点器。

② 整平:使水平度盘处于水平位置,仪器竖轴铅直。

整平的方法是首先使照准部的水准管与任意两个脚螺旋的连线平行,两手以相反方向同时旋转两脚螺旋,使水准管气泡居中,然后将照准部平转 90°,再用第三个脚螺旋使水准管气泡居中。以上操作反复进行,直到仪器在任何位置气泡都居中为止。

(3) 用望远镜瞄准远处目标,如图 2-2-1(a)所示。

① 安置好仪器后，松开照准部和望远镜的制动螺旋，用粗瞄器初步瞄准目标，然后拧紧这两个制动螺旋。

② 调节目镜对光螺旋，看清十字丝，再转动物镜对光螺旋，使望远镜内目标清晰，旋转水平微动螺旋和垂直微动螺旋，用十字丝精确地照准目标，并消除视差，如图 2-2-1(b)所示。

图 2-2-1　瞄准目标

（4）练习光学经纬仪的读数。

（5）练习用水平度盘变换手轮设置水平度盘的读数。

① 用望远镜照准选定目标。

② 拧紧水平制动螺旋，用微动螺旋准确地瞄准目标。

③ 转动水平度盘变换手轮，使水平度盘的读数设置到预定数值。

④ 松开制动螺旋，稍微旋转后，再重新照准目标，观察水平度盘读数是否仍为原读数，若不是原读数，则需重新设置。

（6）练习用全站仪进行角度测量、距离测量、坐标测量等基本工作。

全站仪的基本测量功能是测量水平角、竖直角和斜距，借助机内固化软件，实现多种测量功能，如计算并显示平距、高差以及镜站点的三维坐标，进行偏心测量、对边测量、悬高测量和面积测量计算等。在一个测站上安置全站仪，选择两个目标点安置反光镜，练习水平角、竖直角、距离及三维坐标的测量，观测数据记入实验报告相应表格中。

① 水平角测量：在角度测量模式下，每人用测回法测两镜站间水平角一个测回，同组每人所测水平角角值之差应满足相应的限差要求。

② 竖直角测量：在角度测量模式下，每人观测一个目标的竖直角一测回，要求每人所测同一目标的竖直角角值之差应满足相应的限差要求。

③ 距离测量：在距离测量模式下，分别测量测站至两镜站的斜距、平距，以及两镜站间的距离。

④ 三维坐标测量：在坐标测量模式下，选择一个后视方向，固定仪器，输入后视方位角、测站坐标、测站高程和仪器高，转动仪器，测量两镜站坐标，分别输入反光镜高和各镜站高程。

全站仪的认识与使用

1. 全站仪概述

全站仪是一种由机械、光学、电子等元件组合而成，可以同时进行角度（水平角、竖直角）和距离（斜距、平距、高差）测量，并可进行有关计算的高科技测量仪器。由于只需要在测站上安置一次该仪器，便可完成该测站上所有的测量工作，故称其为全站仪。通过输入、输出设备，可以与计算机交互通信，使测量数据直接进入计算机，据此进行计算和绘图。测量作业所需要的已知数据也可以从计算机输入全站仪。一些全站仪具有对目标棱镜的自动识别、跟踪和瞄准（ATR）功能，一些全站仪可以与全球定位系统（GPS）接收机结合，以解决仪器自由设站的定位问题，构成超站仪。全站仪不仅可使测量的外业工作高效化，而且可以实现整个测量作业的高度自动化。电子全站仪已广泛用于控制测量、地形测量、施工放样等方面的测量工作。

　　一般全站仪的功能组合框图如图 2-2-2 所示,各部分的功能如下。电源部分有可充电式电池盒,或用外接电源,以满足部分用电需要。测量部分相当于电子经纬仪,有水平度盘和垂直度盘,可以测定水平角、竖直角和设置方位角。测距部分相当于测距仪,用调制的红外光或激光按相位式或脉冲式测定斜距,并可换算为平距和垂距。测角和测距是全站仪最基本的功能。传感部分是光电管传感器或 CCD 传感器,目的是使全站仪的总体性能和精度得到提高,数据处理部分是一系列应用程序和储存单元,按输入的已知数据和观测数据算出所需的测量成果,如坐标计算、放样数据计算等,并进行数据的存取。输入输出部分包括键盘、显示屏和通信接口:用键盘可以输入操作指令、数据和设置参数;显示屏可以及时显示仪器当前的工作方式、观测数据和运算结果,并有参数设置和数据输入的对话框;通信接口使仪器能与磁卡、磁盘、微机等交互通信,传输数据。中央处理单元接收指令和调度支配各部分工作。

图 2-2-2　全站仪的功能组合框图

图 2-2-3 所示为拓普康 GTS-330 系列全站仪。

图 2-2-3　拓普康 GTS-330 系列全站仪

2. 全站仪的特殊构件和功能

1) 多功能同轴望远镜

全站仪的望远镜中,搜索和瞄准目标用的视准轴和发射、接收测距调制光的光轴是设计成同轴的,这样可以使仪器结构紧凑、操作方便、功效提高。与全站仪配套的反光棱镜装置为可以 360°照准的棱镜,这样一次瞄准目标,棱镜即能同时测得水平角、竖直角和斜距。望远镜也能作 360°纵转,需要时可安装直角目镜,测定大的仰角,甚至可以瞄准位于测站天顶的目标,测设铅垂线或测定其垂直距离(高差)。

2) 显示屏和操作键

全站仪的操作面板包括显示屏和操作键两个部分。全站仪一般都有较大的显示屏,可显示 $4 \times 36 \sim 8 \times 36$ 个($4 \sim 8$ 行)字符,并附有照明设备。最先进的有色彩触摸屏,兼有输入和显示功能。操作键大致可分为开关键、照明键、功能键、输入键、控制键和回车键。输入键有一组,可以输入数字(含小数点、正负号)和英文字母;控制键分为移动键、变换键、空格键、退格键、取消键、光标移动键等;回车键一般用于某种功能的确认或输入数据的确认。

3) 传感器

(1) 度盘读数器传感器。

全站仪的度盘读数器与电子经纬仪的一样,一般采用增量式编码度盘,用光电传感器按通光量的变化进行角度读数。较先进的有条码编码度盘,用 CCD 传感器读数,角度的编码信息通过发光管发光透过度盘,由一组线性 CCD 列阵和一个八位 A/D 转换器读出。

(2) 纵轴倾斜传感器。

全站仪的纵轴倾斜主要由安置仪器时的置平误差造成,它影响视准轴的瞄准、水平度盘和垂直度盘的读数。

(3) 目标棱镜搜索传感器。

ATR 照准红外光的发射和接收反射光的线性 CCD 阵列(相当于相机的底片),构成自动目标识别传感器。

4) 储存器

全站仪的储存器有相当大的容量,可以储存已知数据(例如控制点的坐标和高程)、观测数据和计算数据。除了能显示数据以外,还可将其传输到外部设备(储存卡、电子记录手簿和计算机),这是全站仪的基本功能之一。储存器分为机内储存器和储存卡两种。

(1) 机内储存器。

机内储存器相当于计算机的内存(RAM),用于存/取各种数据,主要是观测值(角度、距离、仪器高、目标高、点号、编码等)和计算值(点的坐标和高程等)。观测值和计算值一般以一个细部点做一条记录,至少可记录 3000 个点。计算所必需的已知数据,可在观测前输入内存。为了便于存取,内存数据以文件为单元。

(2) 储存卡。

有些全站仪配有储存卡,可以将其插入全站仪,记录观测数据和计算数据。

5）通信接口

全站仪可以将内存中的储存数据通过 RS-232C 或 USB 串行接口和通信电缆传输给计算机，也可以接收从计算机传输过来的数据，称为双向通信。通信时，全站仪和计算机各自调用有关数据通信程序，先设置好相同的通信参数，然后启动程序，完成数据通信。

3. 全站仪的使用

全站仪的使用可分为观测前的准备工作、角度测量、距离（斜距、平距、高差）测量、三维坐标测量、放样测量、导线测量、交会定点测量等。角度测量和距离测量属于最基本的测量工作；坐标测量和放样测量一般用得最多；导线测量、交会定点测量等都有专用的程序可用，配合基本测量工作，可以获得相应的测量成果。不同精度等级和型号的全站仪的使用方法大体上是相同的，但在细节上又是有差别的，因为各种型号的全站仪都有其自身的功能菜单系统（主菜单和各级子菜单）。下面介绍拓普康 GTS-330 系列全站仪的主要功能及其使用方法。

拓普康 GTS-330 系列全站仪的外形及操作面板如图 2-2-3 所示，其标称测角精度为 $\pm 2''$，标称测距精度为 $\pm(2+2\times10^{-6}\times D)$ mm，基本测量功能有角度测量、距离测量和坐标测量等，高级测量功能有放样测量、后方交会测量、偏心测量、对边测量和悬高测量等，有测量数据记录和输入、输出功能。

1）拓普康 GTS-330 系列全站仪的显示屏及模式和功能菜单结构

（1）拓普康 GTS-330 系列全站仪的显示屏。

拓普康 GTS-330 系列全站仪的显示屏如图 2-2-4所示，屏上共有 4 行，每行 20 个字符，前 3 行显示测量数据，最后 1 行显示随测量模式变化的按键功能。

图 2-2-4 拓普康 GTS-330 系列全站仪的显示屏

（2）拓普康 GTS-330 系列全站仪的模式和功能菜单结构。

拓普康 GTS-330 系列全站仪的模式分为角度测量模式、距离测量模式、坐标测量模式、菜单模式。这四种模式的屏幕显示有一定的先后顺次序，形成功能菜单结构。角度测量模式排在优先位置，开机后全站仪即处于角度测量模式，其他各种模式由其操作键进入。全站仪各操作键的名称及功能如表 2-2-1 所示。显示屏下的 F1～F4 为功能键，又称软件键（简称软键），它们与显示屏的功能菜单行相对应，按下即为选中该菜单或执行某项功能。拓普康 GTS-330 系列全站仪的功能菜单如图 2-2-5 所示。

图 2-2-5 拓普康 GTS-330 系列全站仪的功能菜单

表 2-2-1　全站仪各操作键的名称及功能

键	名　称	功　能
☆	星键	用于显示屏对比度设置、十字丝照明、背景光显示、倾斜改正设置
↥	坐标测量键	进入坐标测量模式
◢	距离测量键	进入距离测量模式
ANG	角度测量键	进入角度测量模式
POWER	电源键	电源开关
MENU	菜单键	在菜单模式和正常测量模式之间切换
ESC	退出键	返回测量模式或退出上一层,从测量模式进入放样模式或数据采集模式
ENT	输入确认键	在输入值末尾按此键
F1～F4	功能键	对应于显示的软键功能信息

① 角度测量模式。

角度测量模式表如表 2-2-2 所示。拓普康 GTS-330 系列全站仪的角度测量模式屏幕如图 2-2-6 所示。

表 2-2-2　角度测量模式表

页数	软　键	显示符号	功　能
1	F1	置零	水平角置为 $0°00'00''$
	F2	锁定	水平角读数锁定
	F3	置盘	通过键盘输入数字,设置水平角
	F4	P1↓	显示第 2 页软键功能
2	F1	倾斜	设置倾斜改正开或关,若选择开,则显示倾斜改正
	F2	复测	角度重复测量模式
	F3	V%	竖直角百分比坡度(%)显示
	F4	P2↓	显示第 3 页软键功能
3	F1	H-蜂鸣	仪器每转动 $90°$,水平角是否要发出蜂鸣声的设置
	F2	R/L	水平角右/左计数方向的转换
	F3	竖角	竖直角显示格式(高度角/天顶距)的切换
	F4	P3↓	显示下一页(第 1 页)软键功能

图 2-2-6　拓普康 GTS-330 系列全站仪的角度测量模式屏幕

② 距离测量模式。

距离测量模式表如表 2-2-3 所示。拓普康 GTS-330 系列全站仪的距离测量模式屏幕如图 2-2-7 所示。

表 2-2-3　距离测量模式表

页　数	软　键	显 示 符 号	功　　能
1	F1	测量	启动距离测量
	F2	模式	设置测距模式"精测/粗测/跟踪"
	F3	S/A	设置音响模式
	F4	P1↓	显示第 2 页软键功能
2	F1	偏心	偏心测量模式
	F2	放样	放样测量模式
	F3	m/f/i	米、英尺或者英尺、英寸单位的转换
	F4	P2↓	显示下一页（第 1 页）软键功能

图 2-2-7　拓普康 GTS-330 系列全站仪的距离测量模式屏幕

③ 坐标测量模式。

坐标测量模式表如表 2-2-4 所示。拓普康 GTS-330 系列全站仪的坐标测量模式屏幕如图 2-2-8 所示。

表 2-2-4　坐标测量模式表

页　数	软　键	显 示 符 号	功　　能
1	F1	测量	开始坐标测量
	F2	模式	设置测量模式"精测/粗测/跟踪"
	F3	S/A	设置音响模式
	F4	P1↓	显示第 2 页软键功能
2	F1	镜高	输入棱镜高
	F2	仪高	输入仪器高
	F3	测站	输入测站点坐标
	F4	P2↓	显示第 3 页软键功能
3	F1	偏心	偏心测量模式
	F3	m/f/i	米、英尺或者英尺、英寸单位的转换
	F4	P3↓	显示下一页（第 1 页）软键功能

图 2-2-8　拓普康 GTS-330 系列全站仪的坐标测量模式屏幕

④ 菜单模式。

菜单模式表如表 2-2-5 所示。拓普康 GTS-330 系列全站仪的菜单模式屏幕如图 2-2-9 所示。

表 2-2-5　菜单模式表

页　数	软　键	显 示 符 号	功　　能
1	F1	数据采集	进入数据采集模式
	F2	放样	进入放样模式
	F3	存储管理	进入存储管理模式
	F4	P↓	显示第 2 页软键功能
2	F1	程序	进入悬高测量、对边测量等特殊测量程序
	F2	格网因子	进入格网因子设置
	F3	照明	十字丝照明设置
	F4	P↓	显示第 3 页软键功能
3	F1	参数组 1	进行显示读数精度、倾斜改正等设置
	F2	对比度调节	调节显示屏对比度
	F4	P↓	显示下一页(第 1 页)软键功能

图 2-2-9　拓普康 GTS-330 系列全站仪的菜单模式屏幕

2)拓普康 GTS-330 系列全站仪的操作

(1)观测前的准备工作。

将经过充电后的电池盒装入仪器,在测站上安置脚架,连接仪器,并利用圆水准器对仪器进行初步的对中和整平。在操作面板上按 POWER 键,打开电源,屏幕显示测量模式。"V"所在行是当前视线的天顶距(竖直度盘读数),"HR"所在行是水平角(水平度盘读数)。如果此时仪器置平未达到要求,则度盘读数行显示倾斜超限警告,应根据水准管气泡重新整平仪器并检查对中情况。

(2)拓普康 GTS-330 系列全站仪的角度观测。

① 水平角和竖直角的观测。

全站仪开机后,进入测量屏幕,盘左位置从测站 O 瞄准目标 A 的觇牌中心,按"置零"功能键,使水平度盘读数为 $0°00'00''$(此项操作并非必要,仅为便于计算),天顶距读数为 $90°10'20''$;转动照准部,瞄准第二个目标 B,水平度盘读数为 $160°40'20''$,天顶距读数为 $98°36'20''$。角度测量的操作步骤及屏幕显示如表 2-2-6 所示。

表 2-2-6　角度测量的操作步骤及屏幕显示

操 作 过 程	操　作	屏 幕 显 示
瞄准第一个目标 A	照准目标 A	V: 90° 10′ 20″ HR: 120° 30′ 40″ 置零 锁定 置盘 P1 ↓
设置目标 A 的读数为00°00′00″	【F1】	水平角置零 >OK? --- --- [是]　[否]
	【F3】	V: 90° 10′ 20″ HR: 0° 00′ 00″ 置零 锁定 置盘 P1 ↓
瞄准第二个目标 B,显示 B 的 V/H	照准目标 B	V: 98° 36′ 20″ HR: 160° 40′ 20″ 置零 锁定 置盘 P1 ↓

② 水平角的设置。

a.通过锁定角度值进行设置,如表 2-2-7 所示。

表 2-2-7　角度测量的操作步骤及屏幕显示(通过锁定角度值进行设置)

操 作 过 程	操　作	屏 幕 显 示
将水平微动螺旋旋转到所需位置	显示度盘	V : 90° 10′ 20″ HR: 130° 40′ 20″ 置零 锁定 置盘 P1 ↓
按【F2】键锁定	【F2】	水平角锁定 HR: 130° 40′ 20″ >设置? --- --- [是]　[否]
照准目标	照准	
按【F3】键完成水平角设置,测量模式变成正常角度测量模式	【F3】	V : 90° 10′ 20″ HR: 130° 40′ 20″ 置零 锁定 置盘 P1 ↓

b.通过键盘输入进行设置,如表 2-2-8 所示。

表 2-2-8　角度测量的操作步骤及屏幕显示(通过键盘输入进行设置)

操 作 过 程	操　作	屏 幕 显 示
照准目标	照准	V ：　　90° 10′ 20″ HR:　 170° 30′ 20″ 置零　锁定　置盘　P1↓
按【F3】键置盘	【F3】	水平角设置 HR: 输入　---　---　回车 ---　---　[CLR] [ENT]
通过键盘输入所要求的水平角,如 70°40′20″	【F1】 70°40′20″ 【F4】	V ：　　90° 10′ 20″ HR:　　70° 40′ 20″ 置零　锁定　置盘　P1↓

3) 拓普康 GTS-330 系列全站仪的距离测量

(1) 大气参数的设置。

光线在大气中的传播速度并非常数,它随大气温度和压力而改变,设置大气改正值,即可自动对测距结果进行大气改正。

(2) 棱镜常数的设置。

拓普康棱镜常数应设置为零;若不是拓普康棱镜,则必须根据实际情况设置相应的棱镜常数。

(3) 距离测量。

距离测量的操作步骤及屏幕显示如表 2-2-9 所示。

表 2-2-9　距离测量的操作步骤及屏幕显示

操 作 过 程	操　作	屏 幕 显 示
照准棱镜中心	照准	V ：　　90° 10′ 20″ HR:　 120° 30′ 40″ 置零　锁定　置盘　P1↓
按【◢】键,开始距离测量	【◢】	HR:　　120° 30′ 40″ HD* [r]　　　　<<m VD:　　　　　　　　m 测量　模式 S/A P1↓
显示测的距离		HR:　　120° 30′ 40″ HD*　123.456　m VD:　　5.678　　m 测量　模式 S/A P1↓
再次按【◢】键,显示水平角、竖直角和斜距	【◢】	V ：　　90°10′ 20″ HR:　 120° 30′ 40″ SD:　 131.678m 测量　模式 S/A P1↓

4) 拓普康 GTS-330 系列全站仪的坐标测量

全站仪的三维坐标测量功能主要用于地形测量的数据采集(细部点坐标测定)。根据测站点和后视点(定向点)的三维坐标或测站点至后视点的方位角,完成测站点的定位和定向;按极坐标法测定测站点至待定点的方位角和距离;按三角高程测量法测定测站点至待定点的高差。开始三维坐标测量之前,须先输入测站点坐标、仪器高和目标高,然后进行后视点定向,此后才可以开始坐标测量工作。

(1) 测站点坐标设置。

坐标测量的操作步骤及屏幕显示(测站点坐标设置)如表 2-2-10 所示。

表 2-2-10　坐标测量的操作步骤及屏幕显示(测站点坐标设置)

操作过程	操作	屏幕显示
在坐标测量模式下,按【F4】键,显示第 2 页软键功能	【F4】	N: 123.456 m E: 34.567 m Z: 78.912 m 测量 模式 S/A P1 ↓ ------ 镜高 仪高 测站 P2↓
按【F3】键(测站键)	【F3】	N→ 0.000 m E: 0.000 m Z: 0.000 m 输入 --- --- 回车 ------ --- --- [CLR] [ENT]
输入 N 坐标	【F3】 输入数据 【F4】	N→ 51.456 m E: 0.000 m Z: 0.000 m 输入 --- --- 回车
按同样的方法输入 E 坐标和 Z 坐标,输入数据后,显示屏返回坐标测量显示	【F3】 输入数据 【F4】	N→ 51.456 m E: 34.567 m Z: 78.912 m 测量 模式 S/A P1 ↓

(2) 仪器高设置。

坐标测量的操作步骤及屏幕显示(仪器高设置)如表 2-2-11 所示。

表 2-2-11　坐标测量的操作步骤及屏幕显示(仪器高设置)

操作过程	操作	屏幕显示
在坐标测量模式下,按【F4】键,显示第 2 页软键功能	【F4】	N: 123.456 m E: 34.567 m Z: 78.912 m 测量 模式 S/A P1 ↓ ------ 镜高 仪高 测站 P2↓

续表

操 作 过 程	操　　作	屏 幕 显 示
按【F2】键(仪高键),显示当前值	【F2】	仪器高 输入 仪高:　　　　0.000m 输入　　　　　　回车 — — — — — — — — — — — — — [CLR] [ENT]
输入仪器高	【F3】 输入数据 【F4】	N:　　123.456　　m E:　　34.567　　m Z:　　78.912　　m 测量 模式 S/A P1 ↓

（3）目标高（棱镜高）设置。

坐标测量的操作步骤及屏幕显示[目标高（棱镜高）设置]如表 2-2-12 所示。

表 2-2-12　坐标测量的操作步骤及屏幕显示[目标高（棱镜高）设置]

操 作 过 程	操　　作	屏 幕 显 示
在坐标测量模式下,按【F4】键,显示 第 2 页软键功能	【F4】	N:　　123.456　　m E:　　34.567　　m Z:　　78.912　　m 测量 模式 S/A P1 ↓ 镜高 仪高 测站 P2 ↓
按【F1】键(镜高键),显示当前值	【F1】	镜高 输入 镜高:　　　　0.000m 输入 — — — — —　回车 — — — — — [CLR] [ENT]
输入棱镜高	【F3】 输入数据 【F4】	N:　　123.456　　m E:　　34.567　　m Z:　　78.912　　m 测量 模式 S/A P1 ↓

（4）坐标测量。

坐标测量的操作步骤及屏幕显示如表 2-2-13 所示。

表 2-2-13　坐标测量的操作步骤及屏幕显示

操 作 过 程	操　　作	屏 幕 显 示
设置已知点 A 的方向角	设置方向角	V ：　　　　90° 10′ 20″ HR:　　　120° 30′ 40″ 置零 锁定 置盘 P1 ↓

续表

操作过程	操作	屏幕显示
照准目标 B	照准棱镜	
按【↳】键，开始测量	【↳】	N* [r]　　　　　<<m E:　　　　　　　m Z:　　　　　　　m 测量　模式　S/A　P1↓
显示测量结果		N:　　　　123.456m E:　　　　34.567m Z:　　　　78.912m 测量　模式　S/A　P1↓

5）拓普康 GTS-330 系列全站仪的放样

放样测量是在实地测设由设计数据所指定的点。全站仪的放样测量功能如下：根据测站点和后视点的坐标以及待放样点的坐标，自动计算并显示出照准点和待放样点的方位角差和距离差，同时也可显示其高差，据此移动目标棱镜，使上述三项差值为零或在容许的范围内。已知控制点的坐标和放样点的坐标可由输入键输入，也可通过计算机由 RS-232C 端口导入仪器内存。以下介绍按待放样点的设计坐标和高程进行点位放样的方法。

（1）进入放样菜单。

进入放样菜单的操作步骤及屏幕显示如表 2-2-14 所示。

表 2-2-14　进入放样菜单的操作步骤及屏幕显示

操作过程	操作	屏幕显示
按【MENU】键	【MENU】	菜单　　　　　　1/3 F1：数据采集 F2：放样 F3：存储管理　　P↓
按【F2】键	【F2】	选择文件 FN： 输入　调用　跳过　回车
按【F3】键，选择跳过，进入放样操作菜单	【F3】	放样　　　　　　1/2 F1：测站点输入 F2：后视 F3：放样　　　　P↓

（2）输入测站点坐标。

输入测站点坐标的操作步骤及屏幕显示如表 2-2-15 所示。

表 2-2-15　输入测站点坐标的操作步骤及屏幕显示

操作过程	操作	屏幕显示
在放样菜单模式下,按【F1】键(测站点输入键),进入坐标输入操作界面	【F1】	测站点 　点号:——————— 输入　调用　坐标　回车
按【F3】键(坐标键),显示原有坐标	【F3】	N→　　　　0.000m E:　　　　0.000m Z:　　　　0.000m 输入　- - -　点号 回车
按【F1】键(输入键),再按【F3】键(CLR 键),清除原有坐标,输入 N 坐标,按【F4】键(ENT 键),用同样的方法输入 E 坐标和 Z 坐标	【F1】 【F3】 输入 【F4】	

（3）输入后视点坐标。

输入后视点坐标的操作步骤及屏幕显示如表 2-2-16 所示。

表 2-2-16　输入后视点坐标的操作步骤及屏幕显示

操作过程	操作	屏幕显示
在放样菜单模式下,按【F2】键(后视键),进入后视点坐标输入操作界面	【F1】	后视 　点号:——————— 输入　调用　NE/AZ 回车
按【F3】键(NE/AZ 键)	【F3】 【F1】 输入 【F4】	N→　　　　0.000m E:　　　　0.000m 输入　- - -　AZ　回车
按【F1】键(输入键),输入 N 坐标,按【F4】键(ENT 键),用同样的方法输入 E 坐标	【F1】 输入 【F4】	
照准后视点	照准后视点	后视 　H(B) =　0°00′00″ >照准 ?　　　[是]　[否]
按【F3】键(是),显示屏回到放样菜单	【F3】	放样　　　　　　1/2 F1:测站点输入 F2:后视 F3:放样　　　　　P↓

（4）放样。

放样的操作步骤及屏幕显示如表 2-2-17 所示。

表 2-2-17　放样的操作步骤及屏幕显示

操作过程	操作	屏幕显示
在放样菜单模式下,按【F3】键(放样键)	【F3】	测站点 　点号:＿＿＿＿＿＿ 输入　调用　坐标　回车
按【F3】键(坐标键),显示原有坐标	【F3】	N→　　　0.000m E:　　　　0.000m Z:　　　　0.000m 输入　---　点号　回车
按【F1】键(输入键),再按【F3】键(CLR 键),清除原有坐标,输入 N 坐标,按【F4】键(ENT 键),用同样的方法输入 E 坐标和 Z 坐标	【F1】 【F3】 输入 【F4】	
用同样的方法输入镜高	【F1】 输入镜高 【F4】	镜高 输入 镜高:　　　　0.000m 输入　---　---　回车
计算放样元素的水平距离 HD 和水平角度 HR		计算 　HR=　　90°10′20″ 　HD=　　123.456m 角度　距离　---　---
照准棱镜,按【F1】键(角度键),转动照准部到 dHR=0°00′00″	照准棱镜 【F1】	点号:LP-100 　HR=　　6°20′40″ 　dHR=　23°40′20″ 距离　---　坐标　---
按【F1】键(距离键)	【F1】	HD*[t]　　　　<m dHD:　　　　　m dZ:　　　　　m 模式　角度　坐标　继续
对准棱镜,显示施测距离 HD 和对准放样点尚差的水平距离 dHD	前后移动棱镜,显示	HD*　　143.84m dHD:　　−13.34m dZ:　　　−0.05m 模式　角度　坐标　继续
当 dHR 和 dHD 均为零时,放样点测设完成	前后移动棱镜,显示	HD*　　156.835m dHD:　　−3.327m dZ:　　　−0.046m 模式　角度　坐标　继续

4. 实训注意事项

(1) 全站仪是目前结构复杂、价格较贵的先进仪器之一,在使用时必须严格遵守操作规程,注意爱护仪器。

(2) 在阳光下使用全站仪测量时,一定要撑伞遮阳,严禁用望远镜对准太阳。

(3) 仪器、反光镜站必须有人看守,观测时应尽量避免两侧和后面反射物所产生的信号干扰。

(4) 开机后先检测信号,停测时随时关机。

(5) 更换电池时,应先切断电源。

5. 实训成果提交和实训效果评价

1) 实训成果提交

(1) 认识仪器的主要部件,并写出全站仪各部件的名称。

1. _____	2. _____	3. _____
4. _____	5. _____	6. _____
7. _____	8. _____	9. _____
10. _____	11. _____	12. _____
13. _____	14. _____	15. _____
16. _____	17. _____	18. _____
19. _____	20. _____	21. _____
22. _____	23. _____	

(2) 以小组为单位上交全站仪测量记录表。

全站仪测量记录表

日期：_____年_____月_____日　　　　天气：_____　　　　仪器型号：_____
组号：_____　　　　　　　　　　　　　观测者：_____　　　　记录者：_____

测站	仪器高/m	棱镜高/m	竖盘位置	水平角测量		竖直角测量		距离测量			坐标测量		
				水平度盘读数	水平角	竖直度盘读数	竖直角	斜距/m	平距/m	高程/m	x/m	y/m	H/m

2）实训效果评价

日期：　　　　　　　　班级：　　　　　　　　组别：

实训任务名称	
实习技能目标	
主要仪器及工具	
任务完成情况	是否准时完成任务	
任务完成质量	成果精度是否符合要求，记录是否规范完整	
实训纪律	实训是否按教学要求进行	
存在的主要问题	

6. 课后讨论

（1）对于不同品牌的全站仪，如何掌握其应用？

（2）经纬仪与全站仪的主要异同点是什么？

实训任务 2　测回法观测水平角实训

1. 实训目的

（1）掌握用 DJ_6 型光学经纬仪（或全站仪）测回法观测水平角的方法及程序。

（2）掌握测回法观测水平角的记录、计算方法以及各项限差要求。

2. 实训器材

DJ_6 型经纬仪（或全站仪）、花杆、记录板。

3. 实训内容

（1）在一个指定的点上安置仪器。

（2）选择两个明显的固定点作为观测目标，或用花杆标定两个目标。

（3）用测回法测定两个目标点的水平角角值，观测程序如下。

① 安置好仪器以后，以盘左位置照准左方目标，并读取水平度盘读数。记录人听到读数后，立即回报观测者，经观测者默许后，立即记入测回法观测水平角记录表中。

② 顺时针旋转照准部，照准右方目标，读取水平度盘读数，并记入测回法观测水平角记录表中。

③ 按①②两步完成上半测回的观测，记录者在记录表中要计算出上半测回角值。

④ 将仪器置于盘右位置，先照准右方目标，读取水平度盘读数，并记入测回法观测水平角记录表中，此时仪器水平度盘读数与盘左时的同一目标的水平度盘读数大约相差 $180°$。

⑤ 逆时针转动照准部，照准左方目标，读取水平度盘读数，并记入测回法观测水平角记录表中。

⑥ 按④⑤两步完成下半测回的观测，记录者计算出下半测回角值。

⑦ 至此便完成了一个测回的观测。如上半测回角值和下半测回角值之差没有超限（不超过 $±40″$），则取其平均值作为一测回的角度观测值，也就是这两个方向之间的水平角。

（4）如果不止观测一个测回，而是要观测 n 个测回，那么在每个测回时都要重新设置水平度盘的起始读数。即对于左方目标，每个测回在盘左观测时，水平度盘应设置 $\dfrac{180°}{n}$ 的整数倍来观测。

4. 实训注意事项

（1）每人至少测两个测回。

（2）对中误差应小于 2 mm，长水准管气泡偏离不超过一格。

（3）第一测回对零，其他测回应改变 $180°/n$。

（4）前、后半测回角值差不超过 40″，各测回角值差不超过 24″。

5. 实训成果提交和实训效果评价

（1）以小组为单位上交测回法观测水平角记录表。

（2）总结个人心得体会。

测回法观测水平角记录表

日期：_____ 年 _____ 月 _____ 日　　　　天气：_____　　　　仪器型号：_____

组号：_____　　　　　　　　　　　　　　　观测者：_____　　　　记录者：_____

测点	盘位	目标	水平度盘读数 。′″	水平角		示 意 图
				半测回值 。′″	一测回值 。′″	

实训任务 3   方向观测法测水平角实训

1. 实训目的

（1）掌握用 DJ$_6$ 或 DJ$_2$ 型光学经纬仪（或全站仪）按方向观测法观测水平角的方法及程序。

（2）掌握方向观测法观测水平角的记录、计算方法和各项限差要求。

2. 实训器材

DJ$_6$ 或 DJ$_2$ 型光学经纬仪（或全站仪）、花杆、记录板。

3. 实训内容

（1）各组选择四个方向目标，每人至少观测一个测回，在测站点安置经纬仪，选取一个方向作为起始零方向，如选择 A 方向作为起始零方向。

（2）盘左位置照准 A 方向，并拨动水平度盘变换手轮，将 A 方向的水平度盘读数设置为 00°00′00″左右，然后顺时针转动照准部 1～2 周，重新照准 A 方向并读取水平度盘读数，记入方向观测法观测水平角记录表中。

（3）按顺时针方向依次照准 B、C、D 方向，并读取水平度盘读数，将读数分别记入方向观测法观测水平角记录表中。

（4）继续旋转照准部至 A 方向，读取水平度盘读数，检查归零差是否合格。

（5）盘右位置观测前，先逆时针旋转照准部 1～2 周后再照准 A 方向，并读取水平度盘读数，记入方向观测法观测水平角记录表中。

（6）按逆时针方向依次照准 D、C、B 方向，并读取水平度盘读数，将读数分别记入方向观测法观测水平角记录表中。

（7）逆时针继续旋转照准部至 A 方向，读取水平度盘读数，并检查归零差和 $2c$ 互差。

4. 实训注意事项

（1）每人至少观测一个测回，换人观测时可以不重新安置仪器。

（2）半测回归零差不大于 $24''$。

（3）各测回同一归零方向值的互差不大于 $24''$。

（4）为了提高测角精度，减少度盘刻划误差的影响，各测回起始方向的度盘读数位置应均匀地分布在度盘和测微尺的不同位置上，根据不同的测量等级和所使用的仪器，每测回起始方向盘左的水平度盘读数应设置为 $180°/n$ 的整数倍。

5. 实训成果提交和实训效果评价

1）实训成果提交

方向观测法观测水平角记录表

日期：_____年_____月_____日　　　　天气：_____　　　　仪器型号：_____
组号：_____　　　　　　　　　　　　　观测者：_____　　　　记录者：_____

测站	测回数	目标	水平度盘读数		2c	平均读数	归零后方向值	各测回归零后方向平均值
			盘　左	盘　右				
			° ′ ″	° ′ ″	″	° ′ ″	° ′ ″	° ′ ″

2）实训效果评价

日期：　　　　　　　　　　　班级：　　　　　　　　　　　组别：

实训任务名称		
实习技能目标		
主要仪器及工具		
任务完成情况	是否准时完成任务	
任务完成质量	成果精度是否符合要求，记录是否规范完整	
实训纪律	实训是否按教学要求进行	
存在的主要问题		

6. 课后讨论

（1）测回法和观测法的适用范围分别是什么？

（2）采用电子经纬仪测量时如何提高观测精度？为何采用电子经纬仪测量时也需盘左、盘右按一定观测方法观测？

（3）光学仪器和电子仪器哪个好？

实训任务 4　竖直角观测实训

1. 实训目的

了解竖直度盘的构造特点，掌握竖直角的观测、计算方法，以及竖盘指标差的计算方法。

2. 实训器材

DJ_6 或 DJ_2 型光学经纬仪（或全站仪）、花杆、记录板。

3. 实训内容

（1）在测站点上安置经纬仪，对中、整平经纬仪。

（2）以盘左位置使望远镜视线大致水平，竖盘指标所指读数 $90°$ 就是盘左时的竖盘始读数，记作 L；同理，以盘右位置使望远镜视线大致水平，竖盘指标所指读数 $90°$ 就是盘右时的竖盘始读数，记作 R。

（3）以盘左位置将望远镜物镜抬高，即当视准轴逐渐向上倾斜时，观察竖盘读数是增加还是减小，借以确定竖直角和指标差的计算公式。

① 当望远镜物镜抬高时，如竖盘读数逐渐减小，则竖直角计算公式为

$$\begin{cases} \alpha_{左} = 90° - L \\ \alpha_{右} = R - 270° \end{cases}$$

$$\alpha = \frac{1}{2}(\alpha_{左} + \alpha_{右}) = \frac{1}{2}(R - L - 180°)$$

$$x = \frac{1}{2}(\alpha_{右} - \alpha_{左}) = \frac{1}{2}(R + L - 360°)$$

② 必须注意的是，竖盘指标差值有正有负，盘左位置观测时用 $\alpha_{左} = 90° - (L - x)$，盘右位置观测时用 $\alpha_{右} = (R - x) - 270°$，一测回盘左、盘右相加取平均值，可发现竖盘指标差 x 可消除。

（4）竖直角观测程序如下：

① 安置好经纬仪后，盘左位置照准目标，转动竖盘指标水准管微动螺旋，使竖盘水准管气泡居中（重合气泡影像重合）后，读取竖直度盘的读数 L，记录者将读数 L 记入竖直角观测记录表中。

② 根据竖直角计算公式，在竖直角观测记录表中计算出盘左时的竖直角 $\alpha_{左}$。

③ 再以盘右位置照准目标，转动竖盘指标水准管微动螺旋，使竖盘水准管气泡居中（重合气泡影像重合）后，读取竖直度盘读数 R，记录者将读数 R 记入竖直角观测记录表中。

④ 根据竖直角计算公式，在竖直角观测记录表中计算出盘右时的竖直角 $\alpha_{右}$。

⑤ 计算一测回竖直角角值和竖盘指标差。

4. 实训成果提交和实训效果评价

1）实训成果提交

竖直角观测记录表

日期：_____年_____月_____日　　　　天气：_____　　　　　　仪器型号：_____
组号：_____　　　　　　　　　　　观测者：_____　　　　　　　　记录者：_____

测点	目标	竖盘位置	竖盘读数 ° ′ ″	半测回竖直角 ° ′ ″	一测回竖直角 ° ′ ″	竖盘指标差 ″	备　注
		左					
		右					
		左					
		右					
		左					
		右					
		左					
		右					
		左					
		右					

2）实训效果评价

日期：　　　　　　　　　　　　　班级：　　　　　　　　　　　组别：

实训任务名称		
实习技能目标		
主要仪器及工具		
任务完成情况	是否准时完成任务	
任务完成质量	成果精度是否符合要求，记录是否规范完整	
实训纪律	实训是否按教学要求进行	
存在的主要问题		

5. 课后讨论

（1）经纬仪与全站仪在角度测量操作上有哪些异同？

（2）如何利用全站仪进行竖直角测量？主要注意事项有哪些？

（3）利用全站仪观测竖直角后，如何确定角度计算公式？

实训任务 5　经纬仪(全站仪)测设已知水平角及建筑物上的轴线投测

1. 实训目的

(1) 掌握已知水平角的测设方法。

(2) 掌握经纬仪(全站仪)轴线投测方法(外控法实训)。

2. 实训器材

DJ$_6$ 或 DJ$_2$ 型光学经纬仪(或全站仪)、光杆、记录板。

3. 实训内容

1) 已知水平角测设

测设已知水平角就是根据水平角的已知数据和一个已知方向,把该水平角的另一个方向测设在地面上。

(1) 一般方法。

当角度测设的精度要求不高时,可用盘左、盘右取平均的方法,具体操作步骤如下。如图 2-2-10 所示,A 为已知点,AB 为已知方向,欲放样 β 角,标定 AC 方向。将经纬仪安置于 A 点,先用盘左位置照准 B 点,使水平度盘读数为零,转动照准部,使水平度盘读数恰好为 β 值,在此视线上定出 C' 点;然后用盘右位置照准 B 点,重复上述步骤,测设 β 角,定出 C'' 点;最后取 $C'C''$ 的中点 C,则 $\angle BAC$ 就是要测设的 β 角。为了检核,应重新测定 $\angle BAC$ 的大小,并与已知的水平角 β 进行比较,若相差值超过规定的范围,则应重新测设 β 角。

(2) 精确方法。

当角度测设的精度要求较高时,可用精确测设的方法。如图 2-2-11 所示,设 AB 为已知方向,先用一般测设方法按欲测设的角值测设出 AC 方向并定出 C 点,然后再用测回法多测回测量 $\angle BAC$,将这几个测回所测得的角度取平均值,就可以得到一个角度 β'。由于有误差的存在,设计值 β 与测设值 β' 之间必定有一个差值 $\Delta\beta$。量取 AC' 的距离为 $D_{AC'}$,计算垂距 e,即

$$e = D_{AC'} \tan\Delta\beta \approx D_{AC} \Delta\beta / \rho''$$

式中,$\rho'' = 206265''$。

从 C' 点作 AC 的垂线,以 C' 点为起点量取垂线距离 e,即得 C 点,此时 $\angle BAC = \beta$。操作时,若 $\Delta\beta < 0$,则应向内归化;反之,应向外归化。

图 2-2-10　水平角测设的一般方法

图 2-2-11　水平角测设的精确方法

已知水平角测设完成后,注意检核和复查,检核方法是采用测回法多测回测量放样后各点连线所构成的水平角,将放样后的角度测量值与待测设角度值进行比较。

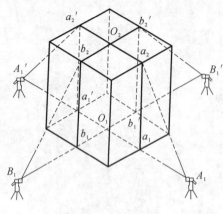

图 2-2-12 轴线投测

2) 经纬仪(或全站仪)轴线投测

在实训场地附近选择某一通视条件好的建筑物作为轴线投测对象,在建筑物附近做好轴线控制桩,用来进行轴线投测。如图 2-2-12 所示,$A_1 A_1'$ 和 $B_1 B_1'$ 为建筑物的中心轴线,$A_1 A_1'$ 和 $B_1 B_1'$ 两轴线在地面引测轴线控制桩,投测前严格检校经纬仪(或全站仪),具体操作步骤如下。

(1) 将经纬仪(或全站仪)安置在做好的轴线控制桩 A_1 上,照准 A_1',以盘左、盘右位置在基础底部进行投测,并取其投测点的中点 a_1 作为向上引测的标记点,可标记于建筑物的基础侧面。同理可分别得到 a_1'、b_1 和 b_1'。

(2) 利用经纬仪(或全站仪)进行轴线引测,将轴线由基础底部投测到楼层面上。

(3) 将经纬仪(或全站仪)分别安置在各轴线控制桩上,对中、整平,照准 a_1、a_1'、b_1 和 b_1' 点,以盘左、盘右位置向上投测到楼层楼板上,取其中点作为该层中心轴线的投测中点。例如,图 2-2-12 中的 $a_2 a_2'$ 和 $b_2 b_2'$ 的交点 O_2 就是该层中心轴线的投测中心。随着建筑物的逐层增高,可将轴线点逐层向上引测。

4.实训成果提交和实训效果评价

1) 实训成果提交

(1) 各组在实训现场提交成果,由指导教师现场检查已知水平角的放样情况。

(2) 以小组为单位提交轴线投测成果,每人需提交一份实训总结。

(3) 实训指导教师要求提交的其他资料。

2) 实训效果评价

日期:　　　　　　　　　　　　　　　　班级:　　　　　　　　　　　　　　　　组别:

实训任务名称		
实习技能目标		
主要仪器及工具		
任务完成情况	是否准时完成任务	
任务完成质量	成果精度是否符合要求,记录是否规范完整	
实训纪律	实训是否按教学要求进行	
存在的主要问题		

5.课后讨论

(1) 采用全站仪进行已知水平角放样的操作是怎样的? 是否也需采用正、倒镜方法测设?

(2) 精确测设已知水平角时要注意哪些问题?

（3）如何检查水平角的放样情况？

（4）轴线控制桩如何引测？

任务 2 测量基本工作之距离测量实训

实训任务 1 钢尺普通量距与直线定线实训

1. 实训目的

（1）掌握钢尺普通量距的测量方法。

（2）会进行钢尺量距的数据计算，并能对外业观测数据进行精度评定。

2. 实训器材

每个小组配备 50 m 钢尺 1 把、花杆 3 根、插钎 5 根、垂球 2 个及小木桩 2 根。

3. 实训内容及实训步骤

1）实训内容

用普通钢尺完成指定地面直线段的量距工作。如预先在实训场地上埋设两个相距 70~
100 m 的直线段 AB，并在端点处设置标记，利用钢尺对直线段 AB 进行普通量距。

2）实训步骤

钢尺普通量距工作采用直线定线与量距同时进行的方法。

（1）由两人分别在直线段 AB 上的 A、B 两点的外侧竖立花杆。

（2）另外两人分别担任后尺手和前尺手。后尺手持钢尺零端，在 A 点插一根插钎；前尺手持钢尺尺把，并携带其余插钎及第三根花杆（或由第五人携带），沿直线段 AB 前进，行至一整尺段处停下。

（3）由 A 点处的指挥员进行直线的目估，前尺手根据指挥员的指令将花杆左、右移动，直至花杆准确位于 AB 方向上，然后将花杆插紧在地面上（或由第五人竖立于地面上）。

（4）后尺手将钢尺零点对准 A 点，前尺手沿直线拉紧钢尺，在钢尺末端刻划处竖直地插下一根插钎，这样便完成了第一个尺段的测量；然后后尺手拔起 A 点的插钎，与前尺手一同举尺前进。按相同的方法继续测量其余各尺段（仍然是边定线边测量），每量完一个整尺段，后尺手都应拔起插钎。

（5）最后至 B 点时是一个不足整尺长的零尺段，前尺手将某一整数分划对准 B 点，后尺手在钢尺的零端读出厘米及毫米数，两端的读数相减，就是该尺段长 q。至此，后尺手共插入插钎 n 次，说明已测量了 n 个整尺段，因此可计算出往测全长为

$$D_{往} = n \cdot l + q$$

（6）用相同的方法从反方向由 B 点至 A 点进行测量，可得到返测的距离 $D_返$。返测时应重新定线。

（7）计算往、返测平均值及差值，由此可计算出相对误差 k，在平坦场地上应达到 k 不超过 1/3000 的精度要求，若达不到此要求，必须返工重测。相对误差 k 的计算公式为

$$k = \Delta D/D = 1/M$$

式中，$\Delta D = |D_往 - D_返|$。

4. 实训注意事项

（1）应熟悉钢尺的零点位置和尺面注记。

（2）前、后尺手须密切配合，尺子应拉直，用力要均匀，对点要准确，保持尺子水平，读数时应迅速、准确、果断。

（3）插钎应竖直，牢固地插在尺子的同一侧，位置要准确。

（4）记录要清楚，要边记录边复诵读数。

（5）注意保护钢尺，严防钢尺打卷、车轧，且不得沿地面拖拉钢尺，前进时应有人在钢尺中部将钢尺托起。

5. 实训成果提交

钢尺普通距离测量记录表

单位：m

钢尺长度：		日期：				组长：			
直 线 号	方 向	整 尺 段 长	余 长	全 长	往、返测平均值	精 度	备 注
	往						
	返						
	往						
	返						
	往						
	返						

实训任务 2　经纬仪（或全站仪）视距测量

1. 实训目的

（1）掌握视距测量的观测及计算方法。

（2）掌握全站仪光电测距的方法。

（3）掌握三角高程测量原理。

2. 实训器材

光学经纬仪、视距尺、计算器、花杆、记录板。

3. 实训内容

1) 经纬仪视距测量

(1) 将经纬仪安置在测站点上，对中、整平后，量取仪器高至厘米。

(2) 在待测点上竖立视距尺，转动仪器照准部，照准视距尺，分别用望远镜上、下、中丝读出读数，并计算视距间距和标尺高 ν，再使竖盘指标水准管气泡居中，在读数显微镜中读取竖盘读数，根据竖盘读数算出竖直角。竖直角值精确到分，水平距离计算至 $0.1\ m$，高差计算至 $0.01\ m$。将观测数据记录到表格的相应位置。利用视距和高差计算公式计算平距 D 和高差 h，即

$$D = kl\cos^2\alpha$$
$$h = i + D\tan\alpha - \nu$$

2) 全站仪光电测距

详见项目 2 中全站仪操作中距离测量部分的内容。

3) 手持式测距仪的使用

(1) 图 2-2-13 所示为手持式测距仪的示意图，了解各按钮的名称和作用。

(2) 为手持式测距仪安装电池并开机。

(3) 待手持式测距仪稳定后，按下激光测距按钮，打开激光器，在目标点位上架设觇板。

(4) 调整手持式测距仪，使激光照射在觇板上，并使手持式测距仪内部管状水准气泡大致居中。

(5) 再次按下激光测距按钮，手持式测距仪开始距离测量，读取显示屏上的读数并记录。

(6) 对目标进行多次测量，满足限差要求后取平均值。

图 2-2-13　手持式测距仪的示意图

1—开启/测量键；2—加键；3—面积/体积键；
4—测量参考键；5—关机键；6—清除键；
7—单位/显示屏；8—上翻键；9—减键

4. 实训成果提交和实训效果评价

1) 实训成果提交

经纬仪视距测量观测数据记录表

测点	尺上读数		视距间距	竖直角 α			高差/m			水平距离 D	测点高程 H	注
	中丝 ν	下丝 上丝		竖盘读数	竖直角	修正后的竖直角	$D\tan\alpha$（初算值）	$i-\nu$	h			
A												
B												
C												

注：此表也适用于经纬仪三角高程测量。

全站仪光电测距观测数据记录表

日期：　　　　　　　　　　仪器及编号：　　　　　　　　　　观测者：

天气：　　　　　　　　　　竖盘指标差：　　　　　　　　　　记录者：

测站	测点	斜距/m	竖盘读数 °′″	竖直角 α °′″	显示平距 /m	显示 高 差	
仪器高	觇高					＋	－
1	2	3	4	5	6	7	

2）实训效果评价

日期：　　　　　　　　　　班级：　　　　　　　　　　组别：

实训任务名称		
实习技能目标		
主要仪器及工具		
任务完成情况	是否准时完成任务	
任务完成质量	成果精度是否符合要求，记录是否规范完整	
实训纪律	实训是否按教学要求进行	
存在的主要问题		

实训任务3　测设已知水平距离

1. 实训目的

掌握钢尺测设已知水平距离的施测方法及步骤。

2. 实训器材

每个小组配备 50 m 钢尺 1 把、花杆 3 根、小木桩 2 根。

3. 实训内容及实训步骤

1）实训内容

在指定的实训场地上预先布设一段距离为 70～100 m 的直线段 AB，并在端点处设置标志，要求

在此方向线上从 A 点起测设一点 C，使 AC 的距离等于设计值 $D=25.000$ m，并在 C 点打上木桩。

2）实训步骤

(1) 从 A 点起沿 AB 方向拉平钢尺，量取已知的水平距离 $D_1=25.000$ m，得到一点 C_1，然后改变起始读数，采用同样的方法再量取一次，得到另一点 C_2。

(2) 若 C_1、C_2 重合，则得到测设点 C，其与 A 点的距离为设计值 D；若 C_1、C_2 不重合，则取二者的中点作为测设点 C。最后在测设点处打上木桩，并在木桩上钉小钉，以表示测设点 C 的位置。

(3) 若要求的测设精度较高，可在以上方法测设得到的 C 点的基础上再按照精密测设方法进行测量。

采用精密距离测量方法，对 AC 的距离进行测量，得到其观测值 $D'=25.060$ m，然后计算其与待测设的设计距离的差值，得到 ΔD 为

$$\Delta D = D' - D = (25.060 - 25.000) \text{ m} = 0.060 \text{ m}$$

(4) 依据 ΔD 和精度要求，调整点位，以得到最终的测设点，并做好标记。当 $\Delta D > 0$ 时，应由初步测得的点向 A 点方向调整 ΔD 来得到最终的测设点；当 $\Delta D = 0$ 时，不予调整；当 $\Delta D < 0$ 时，应由初步测得的点向 B 点方向调整 ΔD 来得到最终的测设点。

(5) 测设完后务必进行检核，直至其相对误差达到精度要求为止。

4. 实训注意事项

(1) 应熟悉钢尺的零点位置和尺面注记。

(2) 注意保护钢尺，严防钢尺打卷、车轧，且不得沿地面拖拉钢尺，前进时应有人在钢尺中部将钢尺托起。

(3) 进行已知水平距离的测设时，一定要注意进行检核，以保证测设精度。

5. 实训成果提交和实训效果评价

1）实训成果提交

(1) 提交一份测设数据计算资料。

(2) 试写出测设已知水平距离的步骤。

(3) 指导教师现场检查测设成果。

2）实训效果评价

日期：   班级：   组别：

实训任务名称		
实习技能目标		
主要仪器及工具		
任务完成情况	是否准时完成任务	
任务完成质量	成果精度是否符合要求，记录是否规范完整	
实训纪律	实训是否按教学要求进行	
存在的主要问题		

6. 课后讨论

（1）目估直线定线如何进行？为何目估直线定线会有较大误差？

（2）你最喜欢的测距方式是什么？

（3）如何进行水平距离测设成果检核？

任务 3 测量基本工作之高程测量实训

实训任务1 水准仪的认识和使用实训

1. 实训目的

了解水准仪的构造和各部件的功能，熟悉水准仪的操作和读数方法。

2. 实训器材

每个小组配备 DS_3 型水准仪 1 台、水准尺 1 根、尺垫 1 个、记录板 1 块。

3. 实训内容

（1）熟悉 DS_3 型水准仪各部件的名称及作用。

（2）能熟练操作 DS_3 型微倾式水准仪。

4. 实训注意事项

（1）安置水准仪时，应将水准仪中心连接螺旋拧紧，防止水准仪从脚架上脱落下来。

（2）水准仪为精密的光学仪器，在使用过程中要按照操作规程作业，各个螺旋要正确使用。

（3）在读数前务必将水准器的重合水准气泡严格重合，读数后应复查气泡重合情况，发现气泡错开，应立即重新将气泡重合后再读数。

（4）转动各螺旋时要稳、轻、慢，不能用力太大。

（5）发现问题后，应及时向指导教师汇报，不能自行处理。

（6）水准尺必须要有人扶着，绝不能立在墙边或靠在电杆上，以防摔坏水准尺。

（7）螺旋转到头后要返转回来少许，切勿继续再转，以防脱扣。

5. 实训成果提交和实训效果评价

1) 实训成果提交

1. 写出下图所示仪器各部件的名称。

1._____	2._____	3._____	4._____	5._____
6._____	7._____	8._____	9._____	10._____
11._____	12._____	13._____	14._____	15._____
16._____				

2. 用箭头标明应如何转动三个脚螺旋来使下图所示的圆水准器气泡居中。

3. 用微倾式水准仪进行水准测量时,除了使_____气泡居中外,读数前还必须转动_____螺旋,使_____气泡居中,此后才能读数。

要使下图所示的气泡影像重合,螺旋的转动方向是怎样的?请用箭头标出。

螺旋   螺旋

2) 实训效果评价

日期: 班级: 组别:

实训任务名称		
实习技能目标		
主要仪器及工具		
任务完成情况	是否准时完成任务	
任务完成质量	成果精度是否符合要求,记录是否规范完整	
实训纪律	实训是否按教学要求进行	
存在的主要问题		

6. 课后讨论

(1) 自动安平水准仪有设置微倾螺旋吗?

(2) 如何消除视差?

实训任务 2　普通水准测量实训

1. 实训目的

(1) 掌握采用普通水准测量方法测量一个测站的程序，以及一条水准路线的施测方法。

(2) 掌握普通水准测量的观测、记录方法，以及高差和闭合差的计算方法。

2. 实训器材

每个小组配备 DS$_3$ 型水准仪 1 台、水准尺 1 对、尺垫 2 个、记录板 1 块。

3. 实训内容及实训步骤

1) 实训内容

沿学院实训大楼和水上报告厅进行闭合水准路线测量或附合水准路线测量，全组共同施测一条闭合或附合水准路线，水准路线长度以安置 8～10 个测站为宜。确定起始点及水准路线的前进方向。小组成员分工合作：2 人扶尺，1 人记录，1 人观测。小组成员施测 1～2 站后轮换工作。

2) 实训步骤

(1) 在每一个测站上，观测者首先应该粗略整平水准仪，使水准仪圆水准器气泡居中，水准仪粗平后的观测程序如下：

① 瞄准后视点水准尺的黑面分划—精平—读取中丝读数。

② 瞄准前视点水准尺的黑面分划—精平—读取中丝读数。

③ 瞄准前视点水准尺的红面分划—精平—读取中丝读数。

④ 瞄准后视点水准尺的红面分划—精平—读取中丝读数。

(2) 记录员把前、后视读数记录好后，应根据前、后尺的黑、红面中丝读数，计算本测站黑、红面读数差和黑、红面高差之差，黑面中丝读数+K 与红面中丝读数的差值不能超过 ±3 mm，黑、红面高差之差不能超过 ±5 mm。

(3) 观测精度符合要求后，根据观测结果进行水准路线高差闭合差的调整和高程计算。

4. 实训要求

(1) 在一个测站上仪器粗平后，在观测过程中不得再进行仪器粗平操作，否则本测站应重新测量。

(2) 计算沿途各转点的高差和各观测点的高程（可假设起点高程为 100.000 m）。

(3) 视线长度不得超过 100 m。

(4) 前后视距应大致相等。

(5) 容许高差闭合差为

平地：
$$f_{h容} = \pm 40 \sqrt{L} \ (\text{mm})$$

山地：
$$f_{h容} = \pm 12 \sqrt{n} \ (\text{mm})$$

式中：L 为水准路线长度，单位为 km；n 为测站数。

5. 实训成果提交和实训效果评价

1）实训成果提交

普通水准测量记录表

日期：_____年_____月_____日　　天气：_____　仪器型号：_____　组号：_____
观测者：_____　　　　　　　　　记录者：_____　　　　　　　　　立尺者：_____

测点	水准尺读数		高差 h/m		高程/m	备 注
	后视 a/m	前视 b/m	+	−		
						起点高程设为 100.000 m
$\sum$						
校核	$\sum a - \sum b =$			$\sum h =$		

水准路线高程误差配赋表

点 号	距离/km	测段观测高差/m	高差修正值/m	修正后的高差/m	高程/m

2）实训效果评价

日期：　　　　　　　　　　　班级：　　　　　　　　　　　组别：

实训任务名称		
实习技能目标		
主要仪器及工具		
任务完成情况	是否准时完成任务	
任务完成质量	成果精度是否符合要求，记录是否规范完整	
实训纪律	实训是否按教学要求进行	
存在的主要问题		

6. 课后讨论

（1）影响水准测量精度的因素有哪些？如何防止或削弱其影响？

（2）闭合水准路线和附合水准路线在高程误差配赋计算时的主要区别有哪些？

实训任务3　三、四等水准测量实训

1. 实训目的

（1）掌握三、四等水准测量的观测、记录、计算方法。

（2）熟悉三、四等水准测量的主要技术指标，掌握测站及水准路线的检核方法。

2. 实训器材

每组配备 DS$_3$ 型水准仪 1 台、水准尺 1 对、尺垫 2 个、记录板 1 块。

3. 实训内容及实训步骤

1）实训内容

沿学院实训大楼和水上报告厅选定一条闭合水准路线，其长度以安置 9～10 个测站为宜，沿线标定待定点的地面标志。采用四等水准测量方法施测选定的水准路线。确定起始点及水准路线的前进方向。小组成员分工合作：2 人扶尺，1 人记录，1 人观测。小组成员施测 1～2 站后轮换工作。

2）实训步骤

（1）在每一个测站上，观测者首先应该粗略整平水准仪，使水准仪圆水准器气泡居中，水准仪粗平后的观测程序如下：

① 后视黑面尺，读取下、上丝读数；精平，读取中丝读数；分别将读数记入四等水准测量外业记录表（1）（2）（3）栏中。

② 前视黑面尺，读取下、上丝读数；精平，读取中丝读数；分别将读数记入四等水准测量外业记录表（4）（5）（6）栏中。

③ 前视红面尺，精平，读取中丝读数，记入四等水准测量外业记录表（7）栏中。

④ 后视红面尺，精平，读取中丝读数，记入四等水准测量外业记录表（8）栏中。

这种观测顺序简称"后—前—前—后"，对于四等水准测量，还可采用"后—后—前—前"的观测顺序。

（2）观测数据计算：

① 将黑、红面分划读数差（即同一水准尺的黑面读数＋常数 K －红面读数）填入四等水准测量外业记录表（9）（10）栏中。

② 将黑、红面分划所测高差之差填入四等水准测量外业记录表（11）（12）（13）栏中。

③ 将高差中数填入四等水准测量外业记录表（14）栏中。

④ 将前、后视距（即上、下丝读数差乘以 100，单位为 m）填入四等水准测量外业记录表（15）（16）栏中。

⑤ 将前、后视距差填入四等水准测量外业记录表（17）栏中。

⑥ 将前、后视距累积差填入四等水准测量外业记录表（18）栏中。

⑦ 检查各项计算值是否满足限差要求。

（3）进行高差闭合差的调整与高程计算。

4. 实训要求

（1）视线长度、前后视距差、前后视距累积差、视线高度、黑红面分划读数差、黑红面分划所测高差之差均应符合三、四等水准测量每站观测主要技术要求，如表 2-2-18 所示。

表 2-2-18　　三、四等水准测量每站观测主要技术要求

等级	视线高度/m	视线长度/m	前后视距差/m	前后视距累积差/m	黑红面分划读数差/mm	黑红面分划所测高差之差/mm
三级	>0.3	≤75	≤3.0	≤6.0	2.0	3.0
四级	>0.2	≤80	≤5.0	≤10.0	3.0	5.0

（2）观测数据应填写规范、计算正确，限差符合要求。

（3）每组组成一条闭合水准路线，算出每个测站的高差后，计算闭合水准路线的高差闭合差，四等水准路线要求的高差闭合差 $f_{h容} = \pm 6\sqrt{n}(\text{mm})$，其中 n 为测站数。

5. 实训成果提交和实训效果评价

1）实训成果提交

四等水准测量外业记录表

日期：_____　　组号：_____　　观测者：_____　　记录者：_____　　司尺者：_____

测点编号	后尺 上丝 / 下丝	前尺 上丝 / 下丝	方向及尺号	标尺读数 黑面/m	标尺读数 红面/m	(K+黑—红)/mm	高差中数/m	备注
	后距	前距						
	视距差	累积差						
	(1)	(4)	后尺1♯	(3)	(8)	(11)		
	(2)	(5)	前尺2♯	(6)	(7)	(12)	(14)	
	(15)	(16)	后—前	(9)	(10)	(13)		
	(17)	(18)						
								已知水准点的高程＝_____m；1♯水准尺的 $K_1=$_____；2♯水准尺的 $K_2=$_____

水准路线高差闭合差调整与高程计算表

点 号	距离/m	测站数 n	测得高差/m	高差修正数 /mm	修正后的高差 /m	高程/m	备 注
Σ							

$\Delta h =$

$\Delta h_{容} =$

2）实训效果评价

日期：　　　　　　　　　　　班级：　　　　　　　　　　　组别：

实训任务名称		
实习技能目标		
主要仪器及工具		
任务完成情况	是否准时完成任务	
任务完成质量	成果精度是否符合要求，记录是否规范完整	
实训纪律	实训是否按教学要求进行	
存在的主要问题		

6. 课后讨论

（1）四等水准测量为何要采用"后—前—前—后"的观测顺序？

（2）进行水准测量时，为何要求前、后视距大致相等？

实训任务 4 高程测设、基槽开挖深度控制与已知坡度测设实训

在工程建筑施工中,需要测设由设计所指定的高程,例如在场地平整、基槽开挖、确定坡度和定桥台桥墩的设计标高等场合,用水准仪进行高程测设是工程单位广泛使用的方法。

1. 实训目的

(1) 通过本次实训,掌握用水准仪测设高程的方法,为今后工作中解决高程测设问题打下基础。

(2) 掌握用水准仪进行已知坡度放样的方法。

2. 实训器材

(1) 水准仪 1 台,水准尺 2 根,皮尺 1 把,记录板 1 块。

(2) 自备铅笔、计算器。

3. 实训内容

1) 用水准仪进行高程的测设

(1) 在离给定的已知高程的 A 点与待测点 P(可在墙面上,也可在钉有大木桩的给定位置)距离适中的位置架设水准仪,在 A 点竖立水准尺。

(2) 水准仪整平后,瞄准 A 点的水准尺,读取后视读数 a,根据 A 点的高程 H_A 和测设高程,计算靠在待测点 P 处的水准尺的前视读数 b 为

$$b = H_A + a - H_P$$

(3) 将水准尺紧贴 P 点的木桩侧面,用水准仪瞄准 P 点的水准尺并读数,沿着木桩侧面上下移动调整 P 点的水准尺,当观测到 P 点水准尺的前视读数等于计算所得 b 值时,沿着尺底在木桩上画线,即为测设(放样)的高程 H_P 的位置。

(4) 将水准尺的底面置于设计高程的位置,再次进行前、后视观测,并进行检核。

(5) 采用同样的方法可在其余各点的木桩上测设同样高程的位置。

2) 基槽开挖深度控制

在校内实训场地设置一已经开挖到一定深度(以 1~1.5 m 为宜)的基槽,利用地面上已知的水准点,用高程测设的方法将高程传递到基槽。在基槽壁上每隔 2~3 m 和拐角处测设一些距离槽底为设计标高的整数倍(如 0.5 m)的水平桩,并沿水平桩在槽壁上弹线作为挖槽深度、修平槽底和铺设基础垫层的依据,如图 2-2-14 所示。实训成果以现场标定的情况由指导教师检查合格为准。

图 2-2-14 基槽开挖深度控制

3）用水准仪进行坡度线测设

方法一:

(1) 实训指导教师布置场地,给定已知点的高程、设计坡度 i。

(2) 在地面上选择高差相差较大的两点 M、N,其中 M 点为给定高程 H_M 的点。

(3) 从 M 点沿 MN 方向按距离 d 钉木桩,直到 N 点。根据已知点的高程 H_M、设计坡度 i 及距离 d 推算各桩的设计高程,即 $H_i = H_M + i \cdot d \cdot n$($n$ 为桩的序号)。

(4) 在适当的位置安置水准仪,瞄准 M 点上的水准尺,读取后视读数 a,求得视线高度,即 $H = H_M + a$。

(5) 根据各点的设计高程 H_i,计算各桩应有的前视读数,即 $b = H - H_i$。

(6) 水准尺分别立于各桩顶,读取各点的前视读数 b',对比应有的前视读数 b,计算各桩顶的升、降数,并注记在木桩侧面。

方法二: 采用水准仪倾斜视线法测设坡度线,如图 2-2-15 所示。

设计坡度 i_{AB}

D_{AB}

图 2-2-15　采用水准仪倾斜视线法测设坡度线

(1) 先用已知高程测设法,根据附近已知的水准点,将涉及坡度线两端点的设计高程 H_A、H_B 测设于地面上,其中 $H_B = H_A + i \cdot D_{AB} = H_A - 0.008 D_{AB}$。

(2) 在 A 点安置水准仪,在 B 点立标尺,量取仪器高 i,安置水准仪时注意使其中一个脚螺旋在 AB 方向线上,另两个脚螺旋的连线大致与 AB 方向线垂直。

(3) 旋转 AB 方向上的脚螺旋和微倾螺旋,使 B 点标尺上的读数为仪器高 i,此时水准仪的倾斜视线与设计坡度线平行。当中间隔一定距离(一般为 10 m)打下的各桩点 1、2、3、4 上的标尺读数均为仪器高 i 时,尺底即为该桩的设计高程,则各桩点顶部的连线就是待测设的设计坡度线,并可根据各桩点水准尺的实际读数计算各桩处的填挖高度为 $i - b_{读}$。当 $i = b_{读}$ 时,不挖不填;当 $i < b_{读}$ 时,需填;当 $i > b_{读}$ 时,需挖。

若 A、B 两点间的距离比较远,还需在 A、B 两点间加密一些桩点来满足施工要求。

4. 实训注意事项

(1) 高程放样或坡度测设后应进行检核,以保证测设精度。

(2) 施工区域进行高程放样时,注意保护仪器,脚架应踩实,放样后做好标记。

5. 实训成果提交和实训效果评价

1）实训成果提交

(1) 提交一份测设数据计算资料。

(2) 试写出采用水准仪测设已知坡度的步骤。

(3) 指导教师现场检查测设成果。

2）实训效果评价

日期：　　　　　　　　　　　班级：　　　　　　　　　　　组别：

实训任务名称		
实习技能目标		
主要仪器及工具		
任务完成情况	是否准时完成任务	
任务完成质量	成果精度是否符合要求，记录是否规范完整	
实训纪律	实训是否按教学要求进行	
存在的主要问题		

6. 课后讨论

若施工现场只有水准仪、3 m 或 5 m 长的钢卷尺，在没有水准尺或塔尺的情况下，如何完成高程放样？

实训任务5　水准仪的检验与校正实训

1. 实训目的

（1）了解水准仪各主要轴线及其应满足的条件。

（2）练习检验和校正微倾式水准仪，通过本实训，掌握水准仪检验和校正的方法。

2. 实训器材

每组配备 DS$_3$ 型水准仪 1 台（附脚架）、水准尺 2 根、尺垫 2 个、小螺丝刀 1 把、校正针 1 根、皮尺 1 把、铅笔、计算器、记录纸等。

3. 实训内容

以小组为单位，每组 4～6 人，每人完成水准仪的各项检验与校正工作，检验、校正过程中观测、记录、扶尺轮流操作。

1）圆水准器的检验与校正

（1）检验。

转动脚螺旋，使圆水准器气泡居中，旋转 180°后，若气泡仍居中，说明圆水准器与仪器纵轴平行，否则需要校正。

（2）校正。

先稍微旋松圆水准器底部中央的固定螺丝，再拨动圆水准器的校正螺丝，使气泡返回偏移量的一半，然后转动脚螺旋，使气泡居中，再旋转 180°，若偏离，则反复检校几次，直至水准仪转至任何方向圆水准器气泡都不偏离中央为止，最后旋紧固定螺丝。

2）水准管轴与视准轴平行的检验与校正

（1）检验。

在平坦地面上选定相距 40～60 m 的 A、B 两点，水准仪首先置于离 A、B 等距的 Ⅰ 点，测得 A、B 两点的高差，如图 2-2-16(a)所示，重复测两到三次，当所测得的各高差之差不大于 3 mm 时，取其平均值 h_I。

(a)   (b)

图 2-2-16　水准管轴与视准轴平行的检验

若视准轴与水准管轴不平行而存在 i 角误差（两轴的夹角在竖直面上的投影），由于水准仪至 A、B 两点的距离相等，因此由于视准轴倾斜而使前、后视读数所产生的误差 δ 也相等，故所得 h_I 是 A、B 两点的正确高差。

然后把水准仪移到 AB 延长线方向靠近 B 点的 Ⅱ 点，再次观测 A、B 两点水准尺的读数，如图 2-2-16(b)所示。由于水准仪距离 B 点很近，S' 可忽略，两轴不平行造成的 B 点水准尺读数 b_2 的误差也可忽略不计。由图 2-2-16(b)可知，此时 A 点水准尺的读数为 a_2，而正确的读数应为

$$a_2' = b_2 + h_I$$

由此可计算出 i 角值为

$$i = \frac{a_2 - a_2'}{S}\rho'' = \frac{a_2 - b_2 - h_I}{S}\rho''$$

式中，S 为 A、B 两点间的距离，对于 DS$_3$ 型水准仪，当后、前视距差未做具体限制时，一般规定 100 m 的水准尺的读数误差不超过 5 mm，即 a_2 与 a_2' 的差值超过 5 mm 时应校正；当后、前视距差有较严格的限制时，一般规定 i 角不得大于 20″，否则应进行校正。

（2）校正。

为了使水准管轴和视准轴平行，转动微倾螺旋，使远点 A 水准尺的读数 a_2 改变到正确读数 a_2'，此时视准轴由倾斜位置改变到水平位置，但水准管也会随之变动而使气泡不再重合。

用校正针拨动水准管一端的校正螺丝，使气泡重合，则水准管轴处于水平位置，从而使水准管轴平行于视准轴。水准管轴与视准轴平行的校正如图 2-2-17 所示，校正时先松动左、右两校正螺丝，然后拨动上、下两校正螺丝，使气泡重合。拨动上、下校正螺丝时，应先松一个，然后再紧另一个，逐渐改正，当最后校正完毕后，所有校正螺丝都应适度旋紧。

图 2-2-17　水准管轴与视准轴平行的校正

检验与校正需要反复进行，直到满足要求为止。

4. 实训注意事项

（1）检验、校正顺序不能颠倒。在指导教师指定的实训场地和相应的测量点上进行水准仪的检验与校正。

（2）为了尽量保证在整个检验过程中 i 角不发生变化，最好在阴天测定。应在调焦透镜运行正确的前提下，用此法测定 i 角。测定 i 角时，A、B 点上的水准尺一定要竖直，尽量选用带有圆水准器的水准尺。

（3）转动校正螺丝时，应先松开一个校正螺丝，再拧紧另一个校正螺丝，不可先拧紧校正螺丝或同时松开两个校正螺丝。校正完毕后，校正螺丝应处于稍紧状态。

（4）自动安平水准仪的 i 角校正，应送有关修理部门进行。

5. 实训成果提交和实训效果评价

1）实训成果提交

将水准仪安置在指定场地的两测点中间（前、后视距严格相等），进行水准仪的检验与校正实训。读数记入表格中，实训结束时，现场上交表格。

圆水准器的检验与校正

日期：_____　　　　　　天气：_____　　　　　　观测者：_____
仪器：_____　　　　　　小组：_____　　　　　　记录者：_____

仪器整平次数	望远镜旋转 180° 后气泡偏差值/mm
1	
2	
3	
4	

水准管轴与视准轴平行的检验与校正

日期：_____　　　　　　天气：_____　　　　　　观测者：_____
仪器：_____　　　　　　小组：_____　　　　　　记录者：_____

仪 器 位 置	读数与计算	第　一　次	第　二　次
A、B 点中间（Ⅰ）	后视 A 点水准尺的中丝读数 a_1		
	前视 B 点水准尺的中丝读数 b_1		
	A、B 两点的高差 $h_1 = a_1 - b_1$		
B 点附近（Ⅱ）	后视 A 点水准尺的中丝读数 a_2		
	前视 B 点水准尺的中丝读数 b_2		
	A 点水准尺的正确读数 $a_2' = b_2 + h_1$		
	视准轴偏差值 $\Delta a = a_2 - a_2'$		
	$i = \dfrac{a_2 - a_2'}{S}\rho'' = \dfrac{a_2 - b_2 - h_1}{S}\rho''$		

2）实训效果评价

日期：   班级：   组别：

实训任务名称		
实习技能目标		
主要仪器及工具		
任务完成情况	是否准时完成任务	
任务完成质量	成果精度是否符合要求，记录是否规范完整	
实训纪律	实训是否按教学要求进行	
存在的主要问题		

6. 课后讨论

（1）校正后的残差在水准测量中对高差的影响是什么？观测中可采取什么措施来减弱？

（2）水准仪使用前未进行检验及校正会有什么影响？

项目 3

小区域控制测量实训

实训任务 1　全站仪导线测量实训

1. 实训目的

（1）了解导线常采用的形式，掌握导线的选点与布设过程。
（2）掌握全站仪导线测量的外业测量和内业计算。

2. 实训器材

全站仪 1 台、三脚架、标杆和测钎各 2 根、棱镜 1 个（全站仪用）、木桩（铁钉）、铁锤 1 把、记录和计算手簿、铅笔、计算器等。

3. 实训内容

1）全站仪导线测量外业

（1）选点。

在实训场地上选定适当数量的导线控制点，并打上木桩，进行标定和编号，构成闭合导线形式。

（2）测角。

采用全站仪测回法测定每个转折角，测定水平角时的测角中误差一般不超过 $30''$。

（3）量边。

利用全站仪测距功能，对相邻点间的导线边长进行测量。

（4）联测。

当采用的控制有高一级的首级控制网点时，采用图根控制与高一级控制网联测的方法来获取与高一级控制网相一致的平面坐标系统，主要工作为测角。如果控制采用独立坐标系，则不用联测。

2）全站仪导线测量的技术要求

光电测距导线测量的技术要求如表 2-3-1 所示。

表 2-3-1　光电测距导线测量的技术要求

比　例　尺	导线长度/m	平均边长/m	导线相对闭合差	角度测回数（DJ$_6$）	方位角闭合差/$''$	测　距	
						仪器等级	观测次数
1∶500	900	80	1/4000	1	$\leqslant\pm40\sqrt{n}$	Ⅱ级	单程观测一测回
1∶1000	1800	150					
1∶1000	3000	250					

注：表中 n 为测站数。

3）全站仪导线测量内业

全站仪导线测量的内业工作主要有方位角闭合差的计算和调整、坐标增量闭合差的计算和调整、导线全长绝对闭合差和相对闭合差的计算、坐标的计算等。

4. 实训注意事项

（1）导线选点时一般要求沿逆时针编号。

（2）测量导线转折角时一般测左角。

5. 实训成果提交和实训效果评价

1）实训成果提交

全站仪导线测量外业记录表

日期：_____ 年 _____ 月 _____ 日　　　　天气：_____　　　　仪器型号：_____

组号：_____　　　　　　　　　　　　　观测者：_____　　　　记录者：_____

测点	盘位	目标	水平度盘读数 ° ′ ″	水平角		示意图及边长
				半测回值 ° ′ ″	一测回值 ° ′ ″	
						边长名：_____ 第一次＝_____ m 第二次＝_____ m 边长名：_____ 第一次＝_____ m 第二次＝_____ m
						边长名：_____ 第一次＝_____ m 第二次＝_____ m 边长名：_____ 第一次＝_____ m 第二次＝_____ m
						边长名：_____ 第一次＝_____ m 第二次＝_____ m 边长名：_____ 第一次＝_____ m 第二次＝_____ m
						边长名：_____ 第一次＝_____ m 第二次＝_____ m 边长名：_____ 第一次＝_____ m 第二次＝_____ m

2）实训效果评价

日期：　　　　　　　　　　　班级：　　　　　　　　　　　　　　　组别：

实训任务名称		
实习技能目标		
主要仪器及工具		
任务完成情况	是否准时完成任务	
任务完成质量	成果精度是否符合要求，记录是否规范完整	
实训纪律	实训是否按教学要求进行	
存在的主要问题		

6. 课后讨论

(1) 如何根据测区高一级控制点的情况选择导线布设形式？

(2) 导线选点时需重点关注哪些事项？

(3) 如何提高导线内业计算速度？

实训任务 2　RTK 定位技术实训

1. 实训目的

(1) 了解 RTK 技术的特点。

(2) 掌握 GPS 接收机观测作业步骤。

2. 实训器材

根据各校的条件配置，建议配备 GPS 基准站主机 1 台与流动站接收机 2 台、脚架 1 个、可移动且可连接的接收机对中杆 2 个、钢卷尺 1 把。

3. 实训内容

1) 了解 RTK 技术

实时动态(RTK)定位技术是以载波相位观测值为根据的实时差分 GPS 技术，它是 GPS 测量技术发展的一个新突破，在测绘、交通、能源、城市建设等领域有着广阔的应用前景。实时动态(RTK)定位系统由基准站、流动站和数据链组成，通过无线电传输设备接收基准站的观测数据，流动站上的计算机(手簿)根据相对定位原理实时计算并显示出流动站的三维坐标和测量精度。这样用户就可以实时监测待测点的数据观测质量和基线解算结果的收敛情况，根据待测点的精度指标，确定观测时间，从而减少冗余观测，提高工作效率。实时动态(RTK)定位技术有着常规测量仪器不可比拟的优点，主要表现在以下几个方面。

(1) 作业效率高。在一般的地形地势下，高质量的 RTK 定位技术设站一次即可测完半径为 5 km 的测区，大大减少了传统测量所需的控制点数量和测量仪器的搬站次数，仅需一人操作，每个放样点只需要停留 1～2 s，就可以完成作业。

(2) 定位精度高。只要满足 RTK 定位技术的基本工作条件，在一定的作业半径范围(一般为 5 km)内，RTK 定位技术的平面精度和高程精度都能达到厘米级，且不存在误差累积。

(3) RTK 定位技术作业自动化、集成化程度高。RTK 定位技术可胜任各种测绘外业工作，与传统的测量方法相比，RTK 定位技术受限因素少，几乎可以全天候作业。由于流动站配备了高效的手持操作手簿，手簿内置的专业软件可自动实现多种测绘功能，极大地减少了人为误差，保证了作业精度。

但多年的工程实践证明，RTK 定位技术仍然存在以下几个方面的不足。

(1) 受卫星状况限制。随着时间的推移和用户要求的日益提高，GPS 卫星的空间组成和卫星信号的强度都不能满足当前的需要，部分地区受电离层的影响明显，有时中午一段时间内 RTK 测量很难得到固定解。由于信号强度较弱，在对空遮挡比较严重的地方，GPS无法正常应用。

（2）受对空通视环境影响。在山区、林区、城镇密楼区等地作业时，GPS卫星信号被阻挡的概率较大，信号强度低，卫星空间结构差，容易造成失锁，重新初始化困难，甚至无法完成初始化，影响正常作业。

（3）受数据链电台传输距离影响。数据链电台信号在传输过程中易受外界环境影响，如高大山体、建筑物和各种高频信号源的干扰，严重影响外业精度和作业半径。另外，当RTK作业半径超过一定距离时，测量结果的误差超限。

（4）受高程异常问题影响。RTK作业模式要求高程的转换必须精确，但我国现有的高程异常分布图在有些地区，尤其是山区，存在较大误差，在有些地区还是空白，这就使得将GPS大地高程转换为海拔高程的工作变得比较困难，精度也不均匀，影响RTK的高程测量精度。

（5）在稳定性方面不及全站仪，这是由于RTK较容易受卫星状况、天气状况、数据链传输状况影响的缘故。

2）RTK技术的应用

（1）RTK技术在测图方面的应用。

RTK技术在测图方面的应用越来越普及，尤其是在外界环境利于GPS的地区，其测图效率远远高于其他测量方法，并且其测量精度也能够保证。下面以南方GPS RTK（S86T）系统为例，对RTK测图进行简要的介绍。

① 安装仪器。

安置GPS基准站，并对基准站进行设置，如图2-3-1所示。基站控制面板如图2-3-2所示，此型号的基站控制面板共有四个指示灯、四个控制按钮，其功能如下：

TX为信号发射灯，每1秒钟闪烁一下；

RX为信号接收灯，每1秒钟闪烁一下；

BT为蓝牙灯，常亮；

DATA为数据指示灯，每1秒钟闪烁一下；

F1、F2为选择功能键；

RESET为强制主机关机键。

图2-3-1 基准站架立

图2-3-2 基站控制面板

② 蓝牙连接。

将主机模式设置好之后，就可以用手簿进行蓝牙连接了。首先将手簿进行如下设置：单击"开始"→"设置"→"控制面板"，在控制面板窗口中双击"Bluetooth设备属性"，如图2-3-3所示；在蓝牙设备管理器窗口中单击"设置"→"启用蓝牙"，单击"OK"关闭窗口；在蓝牙设备管理器窗口中单击"扫描设备",如果附近(小于 12 m 的范围内)有上述主机,在"蓝牙管理器"对话框中将显示搜索结果;搜索完毕后选择所要连接的主机号,单击"确定"即可。

注:整个搜索过程可能持续 10 秒至 1 分钟,请耐心等待。(周围蓝牙设备越多,则所需时间就越长。)

③ 仪器初始化。

打开电子手簿中的"工程之星"软件,通过配置选项中的端口设置来读取主机信息,启动基准站。

④求解转换参数校正。

在新建工程中设置当地所采用的坐标系统,选择工程之星中的"输入"选项,利用求解转换参数对坐标进行校正。

⑤ 点位测量。

RTK 测图工作即通过"工程之星"软件测量选项(见图 2-3-4)进行点位测量,当"工程之星"软件中显示为固定解时,即可进行采点工作,同时数据自动保存在手簿中。

图 2-3-3 手簿蓝牙设置

图 2-3-4 手簿配置

(2)RTK 技术在施工放样中的应用。

工程施工放样也可以采用 RTK 技术进行快速放点、放线。在使用 RTK 技术进行放样前,对仪器的架立和设置与 RTK 测图时的操作相同。准备工作完成后,在"工程之星"软件中单击"测量"→"点放样""直线放样""道路放样"等,如图 2-3-5 所示。

例如进行点位放样时,首先选择相应的放样目标,放样点既可以通过"放样点坐标库"选取,也可以通过手动输入进行,此时"工程之星"软件便能够显示当前点与放样点间的距离(见图 2-3-6)。重复放样工作,直到点位精度满足要求为止。

图 2-3-5 手簿放样设置

图 2-3-6 点位放样

4. 实训注意事项

(1) GPS 接收机为精密的贵重仪器,实训时应严格遵守仪器使用规则,操作时需小心谨慎。

(2) 安装电池时,正、负极不可接错。

(3) 仪器开机后需检查有关指示等是否正常,接收机开始记录数据后,需注意查看观测卫星数量、实时定位结果及变化等信息。

(4) 在一个观测时间段中,不允许关闭又重启仪器、改变接收机的高度角等设置信息,正常测量时间应大于 20 分钟。

5. 实训成果提交和实训效果评价

每个小组提交一份合格的仪器认识与使用报告。

6. 课后讨论

(1) 如何分辨某一接收机是基准站接收机还是移动站接收机?

(2) 简述控制面板及测量软件的主要功能。

(3) 如何查看或调取测量记录文件?

项目 4

施工基本测量实训

实训任务 1　全站仪极坐标法点的平面位置测设实训

1. 实训目的

（1）能熟练进行全站仪坐标放样。

（2）了解全站仪点位平面位置测设原理，能进行坐标反算并取得放样数据。

（3）能评价放样精度，找到放样结果的检验方法。

2. 实训器材

全站仪 1 台、三脚架、棱镜 2 套、小钢尺 1 把、铅笔、计算器、记录手簿等。

3. 实训内容

以小组为单位，每组 4～6 人，实训过程中轮换，每人均完成全站仪操作读数、棱镜对点放样。放样步骤如下。

图 2-4-1　极坐标法放样点位

1）整理测设数据

已知点及放样点如图 2-4-1 所示，M、N 为已知控制点，A、B、C、D 四点为待放样点，各点的坐标根据实训场地选取。

2）测设步骤

（1）实地确定控制点 M、N。

（2）设置测站点（M 点），将全站仪安置在 M 点，对中、整平，在 N 点安置棱镜。

（3）选择全站仪中的"坐标放样"功能。

（4）设置测站，量取仪器高，输入测站点 M 的坐标及仪器高。

（5）定向，输入后视点 N 的坐标，并照准 N 点。

（6）输入放样点 A 的坐标及棱镜高。

（7）转动照准部，全站仪实时显示此时的方向与放样方向的差值。当差值为零时，全站仪照准的方向即为所放样点 A 的方向。

（8）指挥扶棱镜人员左右移动，当棱镜中心与十字丝重合时，按下"测距"键，全站仪开始测量并计算出此时棱镜与所放样点的距离差值，并在屏幕上显示。根据此距离差值，指挥扶棱镜人员前后调整，再次按下"测距"键。多次重复以上操作，直至显示的距离差值为零时，棱镜所在位置就是 A 点的位置，标定桩点。

（9）重复以上步骤，依次完成 B、C、D 点的测设。

4. 实训注意事项

（1）全站仪属于精密仪器，在使用过程中要十分细心，以防损坏。

（2）在立棱镜时，应注意使棱镜杆上的水准器气泡居中。

（3）完成点位测设后，应采取一定的检核方法，确定所放样点位的精确度。

（4）施工放样测量是团体配合完成的项目，实训前应做好放样计划，计算好放样数据，实施过程中做到团队成员分工明确，不互相埋怨，发现问题及时向指导教师汇报，不能自行处理。

5. 实训成果提交和实训效果评价

由指导教师现场检查点位测设结果，并给予评价。

1）实训成果提交

（1）放样数据准备。

点　　名	x 坐标/m	y 坐标/m	高程/m	备　　注
				测站点
				后视点
				已知点
				待放样点
				…
				…

（2）放样示意图和放样元素计算。

2）实训效果评价

日期：　　　　　　　　　　　　班级：　　　　　　　　　　　　组别：

实训任务名称		
实习技能目标		
主要仪器及工具		
任务完成情况	是否准时完成任务	
任务完成质量	成果精度是否符合要求，记录是否规范完整	
实训纪律	实训是否按教学要求进行	
存在的主要问题		

6. 课后讨论

（1）在使用极坐标法放样点位时，为何要用第三个控制点进行方向检核？此时应如何进行方向检核？

（2）如何提高点位放样的效率和精度？

（3）与经纬仪极坐标法放样点位相比，全站仪极坐标法放样点位有何优势？

实训任务2 建筑基线测设实训

1. 实训目的

(1) 培养学生读图、用图的能力,并能在地形图上进行设计。

(2) 掌握全站仪坐标法放样的施测步骤。

(3) 掌握极坐标放样法的放样元素计算。

(4) 学会对放样结果进行误差分析和精度评定。

2. 实训器材

全站仪1套、反光镜2套、记录板1块、小钢卷尺1把、铁锤、木桩、竹桩。

图 2-4-2 测设建筑基线

3. 实训内容及实训步骤

1) 实训内容

在建筑设计图上确定建筑基线的位置,并确定建筑基线点的施工坐标。假设实地有测量控制点 A、B,A 点的施工坐标为(130.230,150.310),B 点的施工坐标为(155.230,125.310)。建筑基线点的施工坐标:Ⅰ点为(100.230,130.660),Ⅱ点为(100.230,150.310),Ⅲ点为(100.230,170.310),如图 2-4-2 所示。

2) 实训步骤

(1) 确定设计基线位置。

① 在已有图纸上根据控制点的位置和建筑物轴线的位置设计一条建筑基线,须满足:

a. 建筑基线与建筑物轴线水平或垂直;

b. 控制点尽量与基线的起、终点通视。

② 读取基线的起、终点坐标,设计放样方案。

(2) 准备测设数据。

① 准备控制点资料(一般选择原测图控制点作为放样控制点)。

② 选择测站点和定向点。

③ 计算各点的放样数据。

(3) 全站仪坐标法放样。

① 在待放样基线点附近的控制导线点(测站点)上安置全站仪,对中、整平全站仪后,量取仪器高至厘米,输入测站坐标、高程、仪器高。

② 以相邻控制导线点定向,即输入相邻控制导线点的坐标并瞄准该点。

③ 输入待放样基线点Ⅰ的坐标,回车确认,仪器显示测站至放样点的方位角、距离,按仪器提示转动照准部,使 dHR=0,得该点方向,指挥立镜员将反光镜立于该方向上,测距,仪器显示

实测距离与待测设距离之差 ΔD,指挥立镜员前后移动反光镜,直至 $\Delta D=0$,则该点就是待放样点的平面位置,打桩设标。

④ 按步骤③放样其余各点。

3) 检验与调整

精确测定∠Ⅰ′Ⅱ′Ⅲ′,若该角度值与 180°之差超过±20″(首级控制网为±10″),则对点位进行调整,直至符合误差要求为止。角度符合误差要求后,还要检验Ⅰ′Ⅱ′和Ⅱ′Ⅲ′的距离,误差应不大于 1/10 000(首级控制网为 1/20 000)。若误差超过规定范围,以Ⅱ′点为基准,按理论长度调整Ⅱ′点和Ⅲ′点的位置。角度和距离需要反复调整,直到完全满足规定的精度要求,最后测设出建筑基线Ⅰ—Ⅱ—Ⅲ。

4. 实训注意事项

(1) 全站仪是目前结构复杂、价格较贵的先进仪器之一,在使用时必须严格遵守操作规程,注意爱护仪器。

(2) 注意测设点位的保存与恢复,以保证整个实训项目的延续性。

(3) 应事先准备好设计数据、做好设计方案,测设过程中需要计算的数据要现场计算,且保证计算无误。若放样结果不满足要求,需返工重做。

5. 实训成果提交

(1) 放样数据准备。

点　　名	x 坐标/m	y 坐标/m	高程/m	备　　注

(2) 放样示意图和放样元素计算。

（3）成果及精度评定。

基 线 名 称	基线长度 D_0	实测基线长度 $D_测$	相对误差 k

6. 课后讨论

（1）建筑基线布设成何种形式最好？需要考虑的因素有哪些？建筑基线点为什么不能少于3个？

（2）全站仪放样基线点位后如何检查放样精度？如何调整？

实训任务 3　建筑方格网测设实训

1. 实训目的

（1）熟练使用全站仪进行方格网轴线点坐标放样。

（2）掌握极坐标放样法的放样元素计算。

（3）学会对放样结果进行检验、调整。

2. 实训器材

全站仪1台、反光镜2套、记录板1块、小钢卷尺1把、铁锤、木桩、竹桩。

3. 实训内容

1）主轴线测设

按建筑基线点Ⅰ、Ⅱ、Ⅲ点测设，在Ⅱ点安置经纬仪，瞄准Ⅰ点，向左、右分别测设 $90°$，在方向线上测设距离，得Ⅳ′、Ⅴ′点。对角度与距离进行检验，若其误差超过规定的范围，则进行调整，得Ⅳ、Ⅴ点，至此建筑方格网主轴线测设完毕。

2）方格网点测设

在Ⅰ点和Ⅴ点分别安置经纬仪，向左、右精确测设 $90°$，以角度交会法确定 $O′$ 点，然后对 $O′$ 点进行角度检验、调整，符合误差要求后，确定为网格 O 点。以此类推，再测设出 P、Q、R 点，至此田字形网格测设完毕。自Ⅱ点向Ⅰ、Ⅲ、Ⅳ、Ⅴ点量取建筑方格网的规定边长，确定轴线上的点，再利用方向交会法得到建筑方格网内的各点（如1点），如图2-4-3所示。根据工程需要

图 2-4-3　建筑方格网测设

还可以田字形网格为基础进行加密。

3）检验与调整

建筑方格网主轴线点的检验和调整方法同建筑基线。

4. 实训注意事项

（1）在使用全站仪时必须严格遵守操作规程，注意爱护仪器。

（2）应事先准备好设计数据、做好设计方案，测设过程中需要计算的数据要现场计算，且保证计算无误。若放样结果不满足要求，需返工重做。

（3）选择场地时要充分考虑实训项目的整体性。

5. 实训成果提交和实训效果评价

1）实训成果提交

（1）放样数据准备。

点　　名	x 坐标/m	y 坐标/m	高程/m	备　　注

（2）各组提交一份实训总结报告，由指导教师现场检查放样成果，建筑方格网主轴线最好撒白灰线或做其他标示。

2）实训效果评价

日期：　　　　　　　　　　　　　班级：　　　　　　　　　　　　　组别：

实训任务名称		
实习技能目标		
主要仪器及工具		
任务完成情况	是否准时完成任务	
任务完成质量	成果精度是否符合要求，记录是否规范完整	
实训纪律	实训是否按教学要求进行	
存在的主要问题		

6. 课后讨论

（1）建筑基线布设成何种形式最好？主要考虑的因素有哪些？

（2）如何提高建筑方格网主轴线点位测设与调整的准确性、熟练程度？

建筑工程施工测量实训

实训任务1　建筑物细部轴线测设实训

1. 实训目的

（1）掌握民用建筑施工测量的主要内容。

（2）掌握龙门板法测设建筑物细部轴线及轴线引测的方法。

（3）能采用轴线控制桩法测设建筑物细部轴线。

（4）掌握测设后的检核及调整方法。

2. 实训器材

DJ$_6$级光学经纬仪（全站仪）、钢尺、红笔、标杆、锤子、龙门板、龙门桩、木桩及小钉若干。

3. 实训内容

1）龙门板法测设民用建筑细部轴线

在校内实训场地或施工现场，根据建筑物四角位置，在与中间纵横隔墙两端间隔一定距离处钉设龙门板，并钉设木桩，木桩侧面与基槽平行，如图 2-5-1 所示；再根据建筑场地附近的已知水准点，在每个龙门桩上测设±0.000 的标高线，若现场条件不许可，也可测设比±0.000 高或低一定数值的标高线；然后沿龙门桩上的±0.000 高程线钉设龙门板，使龙门板顶面的高程在同一个水平面上，龙门板标高测定的容许误

图 2-5-1　龙门板测设图

差一般为±5 mm；接着用经纬仪将墙、柱的轴线投测到龙门板顶面上，并钉小铁钉（轴线钉）标识，其中投测点的误差允许值为±5 mm；最后以轴线钉为准，将墙宽、基槽宽标示在龙门板上，将相关轴线钉用丝线相连，并根据基槽上口宽度拉线撒出基槽开挖边线。

2）轴线控制桩法测设民用建筑细部轴线

当施工场地较大，要进行机械化施工时，一般只测设轴线控制桩，而不测设龙门板。如图 2-5-2所示，在各轴线的延长线上测设轴线控制桩，根据需要有时还在轴线控制桩的延长线上测设引桩。引桩一般在距离基槽边线 2～4 m 的地方设置，在多层建筑中，为便于向上投测，应在较远的地方设定，有时可设置在附近固定的建筑物中。在大型建筑物放线过程中，为保证测设精度，一般先测引桩，再根据引桩测设轴线桩。

4. 实训注意事项

（1）实训过程中注意放样成果的检核，并将检核结果登记在案。

（2）实训时注意各项测量精度要求，测量成果应符合误差限差要求。测设结果超限，应立即重测。

（3）测设建筑物细部轴线时，最好能根据建筑施工图纸进行。

图 2-5-2　轴线控制桩测设图

5.实训成果提交和实训效果评价

1）实训成果提交

实训成果以现场标定情况由指导教师检查合格为准,条件具备后应拉轴线或弹墨线或撒白灰标示。

2）实训效果评价

日期:　　　　　　　　　　　　　班级:　　　　　　　　　　　　　　　　　　组别:

实训任务名称		
实习技能目标		
主要仪器及工具		
任务完成情况	是否准时完成任务	
任务完成质量	成果精度是否符合要求,记录是否规范完整	
实训纪律	实训是否按教学要求进行	
存在的主要问题		

6.课后讨论

（1）龙门板法与轴线控制桩法的主要区别有哪些?

（2）如何提高建筑物细部轴线测设的准确性、熟练程度?怎样检查测设轴线的准确性?

实训任务2　桩基础桩位中心测设实训

1.实训目的

（1）掌握桩基础桩位中心测设的方法。

（2）能够识读桩基础定位图,能进行桩位中心测设放样元素的计算。

2.实训器材

全站仪1台、三脚架、标杆2根、50 m钢尺1把、钢卷尺1把、木桩、小钉、记录手簿等。

3. 实训内容

1) 准备工作

现场踏勘,查看施工现场的场地情况;识读施工图,尤其是桩位平面图和大样图,搞清桩位尺寸;在施工现场或总平面图上查清定位桩位置;全站仪坐标放样需要计算每个桩位中心放样坐标元素(x,y),若采用经纬仪,则需可计算角度、距离的放样元素;做好测量技术交底工作。

2) 施测步骤

(1) 识读施工图—计算放样元素—复核定位桩—建测站点—桩位中心测设—桩位中心自检—做好引桩—桩位中心验收。

(2) 全站仪(坐标放样)元素计算:以左下角为起点设置独立坐标系,如以 A 轴为 y 轴,以 1 轴为 x 轴,以两轴交点为原点,查询挖孔桩位示意图(见图 2-5-3),明确尺寸关系,然后计算各桩点的坐标,并输入全站仪保存。

图 2-5-3　挖孔桩位示意图

(3) 建筑物定位桩:通常由城市规划部门红线测量技术人员在现场放出,并完成定位桩的交接,交接后应检验,符合要求后再放样;另一种情况为建设单位提供测量控制点坐标,施工单位放出建筑物定位桩,同样应检验,符合要求后再放样。

(4) 桩位中心测设:采用全站仪坐标放样法测设桩位中心,无全站仪时,可用经纬仪+钢尺。两者不同之处是放样元素不同,采用全站仪时,放样元素为各桩中心坐标,而采用经纬仪时,需计算的是旋转角和边长。桩位中心测设好后应自检,查看桩位是否符合要求,并做好建筑物引桩,填写好放样记录,报监理验收。

(5)桩位中心测设的精度要求:桩位中心测设偏差不大于 20 mm。

(6)成品保护:对于放出的桩位中心,用小木桩标出并钉牢小木桩,撒上白灰,便于查找;对于放出的引桩,用混凝土固定,并做好标记,避免损坏。人工挖孔灌注桩可一次性放出,机械桩可按施工进程放样,以免损坏再放。

4. 实训成果提交和实训效果评价

1)实训成果提交

(1)全站仪放样数据准备。

桩 号	x 坐标/m	y 坐标/m	备 注

(2)各组提交一份实训总结报告,由指导教师现场检查放样成果。

2)实训效果评价

日期:　　　　　　　　　　班级:　　　　　　　　　　　组别:

实训任务名称		
实习技能目标		
主要仪器及工具		
任务完成情况	是否准时完成任务	
任务完成质量	成果精度是否符合要求,记录是否规范完整	
实训纪律	实训是否按教学要求进行	
存在的主要问题		

5. 课后讨论

(1)基础桩位测设好后如何进行检查,以达到精度要求?

(2)采用全站仪坐标放样法放样方便还是采用经纬仪+钢尺极坐标法放样方便?哪个精度更高?

实训任务3　建筑物沉降变形观测实训

在建筑物变形观测中,进行最多的是沉降观测。沉降观测是指测定建筑物上的一些点的高程随时间变化的工作。建筑物沉降观测的方法视精度要求而定,通常采用一、二等水准测量方法进行施测。首先选择一些能表示沉降特征的部位设置沉降观测点:一般在建筑物四角或沿外墙每隔 10～15 m 处布设,或在每隔 2～3 根柱基础上、在裂缝或伸缩缝的两侧布设。对于宽度大于 15 m 的建筑物,当其内部有承重墙和支柱时,应尽可能布设观测点。布设的观测点一般不得少于 4 个,从各个沉降观测点高程的变化中了解建筑物的升降变形情况。

对于中小型厂房和建筑物,可采用普通水准测量方法;对于大型厂房和高层建筑,应采用精密水准测量方法。施工期间,建筑物沉降观测的周期,高层建筑每增加一二层应观测一次,其他建筑的观测总次数应不少于五次。竣工后的观测周期根据建筑物的稳定情况确定。

沉降观测的水准路线(从一个水准基点到另一个水准基点)应形成闭合线路。为了提高观测精度,可采用"三固定"的方法,即固定人员、固定仪器和固定施测路线、镜位与转点。观测时,前、后视宜使用同一根水准尺,且保持前、后视距大致相等。由于观测水准路线较短,其闭合差一般不会超过 1 mm,闭合差可按测站平均分配。

各项观测的记录必须注明观测时的气象和荷载变化情况。

观测成果整理:每次观测结束后,应检查记录数据的准确性及精度是否符合要求,整理各个观测点的高程,并记录在观测成果表中。根据各测站点本次所观测高程与上次所观测高程之差,计算各测站点本次沉降量和累计沉降量,并将观测日期及荷载情况计入观测成果表,最后可根据沉降量、荷载、时间三者之间的关系画出曲线图。

1. 实训目的

(1)熟悉二等水准测量的主要技术指标,掌握二等水准测量的观测、记录、计算方法。

(2)掌握测站及水准路线的检核方法。

(3)二等水准测量经常作为测量竞赛赛项,应掌握其施测技巧。

(4)了解采用数字水准仪二等水准测量法开展建筑物沉降观测的内容,掌握基准点、观测点的布设,观测周期、观测方法及观测成果的整理方法。

(5)能独立完成沉降观测周期中的一次外业观测,能正确填写观测记录并计算成果平差。

2. 实训器材

每组配备数字水准仪(见图 2-5-4)1 台、配套的 2 m 或 3 m 水准尺 1 对、3 kg 尺垫 2 个、记录板 1 块。

3. 实训内容及实训步骤

1)实训内容

在校内测量实训基地对指定建筑物进行沉降观测。观测布网和选点时,可根据校内已知水准点的情况布设一条闭合水准路线,可假定一个已知点(如高程为 100 m)和至少四个待定点(沉降观测点),也可分为几个测段。各组应按二等水准测量的技术要求完成水准路线测设,确定起始点及水准路线的前进方向。小组成员分工合作:两人扶尺,一人记录,一人观测。最后进行平差计算,得到要求的几个待定点的高程。

图 2-5-4　数字水准仪

1—望远镜遮阳板；2—望远镜调焦螺旋；3—触发键；4—水平微调螺旋；5—刻度盘；6—脚螺旋；7—底座；

8—电源/通信口；9—键盘；10—显示器；11—圆水准器气泡；12—目镜和十字丝；13—可动圆水准器气泡调节器

2）实训步骤

一站观测操作步骤：观测者首先应该整平数字水准仪，使水准仪的圆水准器气泡居中；水准路线采用单程观测，每测站读两次高差，观测时奇数站为后—前—前—后，偶数站为前—后—后—前，一测段通常设置偶数个站点。

奇数站时的观测程序如下：

（1）后视标尺，读取视距读数，再读取标尺高差读数，分别将其记入记录手簿。

（2）前视标尺，读取视距读数，检查前、后视距差是否不超过 1.5 m，若符合，则读取标尺高差读数，并记入记录手簿；若不符合，则向前或向后移动标尺，再次读取视距读数，检查前、后视距差是否不超过 1.5 m，直至符合要求，再读取视距值和标尺高差读数，记录前视距和标尺高差，并计算首次高差值。

（3）继续前视标尺，读取标尺高差读数，记入记录手簿。

（4）后视标尺，读取标尺高差读数，记入记录手簿，并计算第二次高差值。

（5）比较两次所得高差之差是否不超过 0.6 mm，若符合，则完成本站观测，迁站，准备开始偶数站观测；若不符合，记录者应备注"超限"，并调整仪器高后重测。

偶数站时的观测程序如下：

（1）前视标尺，读取视距读数，再读取标尺高差读数，分别将其记入记录手簿。

（2）后视标尺，读取视距读数，检查前、后视距差是否不超过 1.5 m，若符合，则读取标尺高差读数，并记入记录手簿；若不符合，则向前或向后移动标尺（方便时也可重新设站），直至符合要求，再读取视距值和标尺高差读数，记录视距和标尺高差，并计算首次高差值。

（3）继续后视标尺，读取标尺高差读数，记入记录手簿。

（4）前视标尺，读取标尺高差读数，记入记录手簿，并计算第二次高差值。

（5）比较两次所得高差之差是否不超过 0.6 mm，若符合，则完成本站观测，迁站，准备开始奇数站观测；若不符合，记录者应备注"超限"，并调整仪器高后重测。

如此反复进行施测,并完成一测段的测量,直至完成整条水准路线的观测,最后进行高差闭合差的调整与高程计算。

4. 实训要求

(1) 二等水准测量的技术要求。

二等水准测量的技术要求如表 2-5-1 所示。

表 2-5-1 二等水准测量的技术要求

视线长度/m	前后视距差/m	前后视距累积差/m	视线高度/m	两次所得高差之差/mm	水准仪重复测量次数	测段、环线闭合差/mm
≥3 且 ≤50	≤1.5	≤6.0	≤2.80 且 ≥0.55	≤0.6	≥2 次	≤$4\sqrt{L}$

注:表中 L 为路线的总长度,以 km 为单位。

(2) 记录手簿应填写规范、计算正确,限差符合要求。二等水准测量某测段记录手簿示例(规范记录参考)如表 2-5-2 所示。

表 2-5-2 二等水准测量某测段记录手簿示例(规范记录参考)

测站编号	后距 视距	前距 视距	方向及尺号	标尺读数 第一次读数	标尺读数 第二次读数	两次读数之差	备注
	差	视距累积差					
1	31.5	31.6	后 A	153969	153958	+11	
			前	139269	139260	+9	
	−0.1	−0.1	后−前	+14700	+14698	+2	
			h	+0.14699			
2	36.9	37.2	后	137400	137411 ~~137351~~	−11	测错
			前 B	114414	114400	+14	
	−0.3	−0.4	后−前	+22986	+23011	−25	
			h	+0.22998			
3	23.5	24.4	后 B	135306	135815	−9	超限
			前	134615	134506	+109	
	−0.9	−1.3	后−前				
			h				
3	23.4	24.5	后 B	142306	142315	−9	重测
			前	137615	137606	+9	
	−1.1	−1.5	后−前	+4691	+4709	−18	
			h	+0.04700			

(3) 记录规范,不得随意涂改,平差计算表可以用橡皮擦涂改,但必须保持整洁,字迹清晰,

不得划改。记录错误的数字与文字应用横线划去,在其上方写上正确的数字与文字,并在备注栏中注明原因——"测错"或"记错",计算错误不必注明原因。

(4)观测误差超限,在本站检查发现后可立即重测,超限成果应当正规划去,超限重测的应在备注栏中注明"超限",重测时必须改变仪器高。若迁站后才发现,应退回到本测段的起点重测。

(5)无论何种原因使尺垫移动或翻动,应退回到本测段的起点重测。

(6)水准路线各测段的测站数必须为偶数。

(7)测量员、记录员、扶尺员必须轮换,每人观测一测段、记录一测段。

(8)现场完成高程误差配赋计算。

(9)高程误差配赋计算,距离取位到 0.1 m,高差及其修正数取位到 0.000 01 m,高程取位到 0.001 m,测量记录表中必须写出闭合差和闭合差允许值。

5. 实训成果提交和实训效果评价

1)实训成果提交

二等水准测量记录表

测自_____至_____　　　观测日期:_____年_____月_____日　　　气象:_____

测站编号	后　距	前　距	方向及尺号	标尺读数		两次读数之差	备　注
	视距差	视距累积差		第一次读数	第二次读数		
			后				
			前				
			后－前				
			h				
			后				
			前				
			后－前				
			h				
			后				
			前				
			后－前				
			h				
			后				
			前				
			后－前				
			h				

测站编号	后　距	前　距	方向及尺号	标 尺 读 数		两次读数之差	备　注
	视 距 差	视距累积差		第一次读数	第二次读数		
			后				
			前				
			后－前				
			h				
			后				
			前				
			后－前				
			h				
			后				
			前				
			后－前				
			h				

高程误差配赋表

点　名	距离/m	观测高差/m	修正数/m	修正后的高差/m	高程/m
Σ					

$W=$ 　 mm 　 $W_{允}=\pm$ 　 mm

沉降观测记录表

工程名称：_____   记录：_____   计算：_____   校核：_____

观测次数	观测时间	观测点沉降情况						施工进展情况	荷载情况/(kN/m²)
		001			002				
		高程/mm	本次沉降量/mm	累计沉降量/mm	高程/mm	本次沉降量/mm	累计沉降量/mm		
1									
2									
3									
4									
5									
……									
备注：									

P-S-T 关系曲线

2）实训效果评价

日期：   班级：   组别：

实训任务名称		
实习技能目标		
主要仪器及工具		
任务完成情况	是否准时完成任务	
任务完成质量	成果精度是否符合要求，记录是否规范完整	
实训纪律	实训是否按教学要求进行	
存在的主要问题		

实训任务 4　圆曲线测设实训

1. 实训目的

（1）了解圆曲线测设数据的计算方法。

（2）能够根据测设数据进行圆曲线详细测设。

2. 实训器材

全站仪 1 台、三脚架、棱镜 2 套、钢尺 1 把、铅笔、计算器、记录手簿等。

3. 实训内容

1）偏角法测设圆曲线

（1）设置路线交点，测定转角 α，选定圆曲线半径 R。

（2）根据图 2-5-5，计算圆曲线的切线长、曲线长、外距，确定主点桩号，并填入表 2-5-3 中。

$$T = R \cdot \tan\frac{\alpha}{2}$$

$$L = R \cdot \alpha \cdot \frac{\pi}{180°}$$

$$E = R\left(\sec\frac{\alpha}{2} - 1\right)$$

$$ZY_{里程} = JD_{里程} - T$$

$$QZ_{里程} = ZY_{里程} + \frac{L}{2} = YZ_{里程} - \frac{L}{2}$$

$$YZ_{里程} = QZ_{里程} + \frac{L}{2} = ZY_{里程} + L$$

（3）根据图 2-5-6，计算圆曲线上各待测设中桩的测设数据，并填入表 2-5-3 中。一般采用整桩号法。

$$\delta = \frac{\varphi}{2} = \frac{l}{2R} \cdot \frac{180°}{\pi}$$

$$\delta_1 = \frac{\varphi_1}{2} = \frac{l_1}{2R} \cdot \frac{180°}{\pi}$$

$$\delta_2 = \delta_1 + \delta$$

$$\delta_3 = \delta_1 + 2\delta$$

$$\vdots$$

$$\delta_{n-1} = \delta_n + \delta$$

$$\delta_n = \frac{\varphi_n}{2} = \frac{l_n}{2R} \cdot \frac{180°}{\pi}$$

（4）圆曲线主点测设：全站仪安置于交点，照准后方向所立棱镜，测设切线长 T，确定 ZY 点；照准前方向所立棱镜，测设切线长 T，确定 YZ 点；确定分角线方向，测设外距 E，确定 QZ 点。

图 2-5-5　圆曲线主点及要素

图 2-5-6　偏角法测设圆曲线

（5）圆曲线详细测设：

① 将经纬仪安置于曲线起点（ZY 点）上，以盘左瞄准交点（JD 点），将水平度盘读数设置为 $0°00'00''$。

② 水平转动照准部，使水平度盘读数为拟测设中桩 1 的偏角值，然后从 ZY 点开始，沿望远镜视线方向测设出弦长，定出中桩点 1。

③ 继续水平转动照准部，依次使水平度盘读数为其余各中桩偏角值，从上一测设的中桩点开始，测设相邻中桩间的弦长与望远镜视线方向相交，定出圆曲线其他的中桩位置。

④ 测设至曲线终点（YZ 点）作为检核。

注：采用偏角法测设圆曲线时，由于误差累积，一般从 ZY 点和 YZ 点起各测设一半曲线。实训中可参照表 2-5-3 所提供的数据进行测设。

表 2-5-3　偏角法测设圆曲线

半径	45 m	JD	$K_3+182.760$
转角	25°（右转）	ZY	$K_3+167.760$
T（切线长）	9.976 m	QZ	$K_3+182.506$
		YZ	$K_3+197.251$

桩　　号		偏角值 Δ °′″	弦长 c/m
JD	$K_3+182.760$		
ZY	$K_3+172.784$	0	0
1	$K_3+175.000$	1 24 39	2.216
2	$K_3+180.000$	4 35 38	7.208
QZ	$K_3+182.601$	6 14 59	9.798
3	$K_3+185.000$	7 46 37	12.179
4	$K_3+190.000$	10 57 36	17.111
YZ	$K_3+192.419$	12 30 00	19.480

2) 坐标法测设圆曲线

(1) 设置路线交点,测定转角 α,选定圆曲线半径 R,确定 JD 点的坐标为 (x_{JD}, y_{JD}),交点前后直线边的方位角分别为 A_1、A_2。

(2) 计算圆曲线的切线长、外距和曲线长,填入表 2-5-4 中。

(3) 计算圆曲线上各待测设点的坐标,填入表 2-5-4 中。

$$\begin{cases} x' = R\sin\left(\dfrac{l'}{R}\dfrac{180^\circ}{\pi}\right) \\ y' = R - R\cos\left(\dfrac{l'}{R}\dfrac{180^\circ}{\pi}\right) \end{cases}$$

式中,l' 为圆曲线上任意点至 ZY(YZ)点的弧长。

ZY~QZ 段各点坐标的计算公式为

$$\begin{cases} x = x_{XZ} - x'\cos A_1 - \zeta y'\sin A_1 \\ y = y_{ZY} + x'\sin A_1 + \zeta y'\cos A_1 \end{cases}$$

YZ~QZ 段各点坐标的计算公式为

$$\begin{cases} x = x_{YZ} - x'\cos A_2 - \zeta y'\sin A_2 \\ y = y_{YZ} - x'\sin A_2 + \zeta y'\cos A_2 \end{cases}$$

式中,ζ 为路线转向,右转角时 $\zeta = 1$,左转角时 $\zeta = -1$。

(4) 中桩测设:

① 将全站仪架设于交点,向后交点方向测设切线长,即可确定圆曲线起点(ZY 点)。

② 将全站仪架设于圆曲线起点(ZY 点),即测站点,将棱镜立于交点(JD 点)上,即后视点,根据计算所得各中桩的坐标,采用全站仪坐标放样法,依次测设圆曲线上的各点。(要求先测设 QZ 和 YZ 两点,再测设其他各点。)

③ 测量交点(JD 点)至曲线终点(YZ 点)间的距离,即切线长(T)作为检核。

注:采用坐标法测设圆曲线时,需在实训前完成测设数据的计算工作,圆曲线的转角及半径、交点的坐标等数据应结合实训场地的具体情况选用适当数值,也可参照表 2-5-4 所提供的数据进行测设。

表 2-5-4　坐标法测设圆曲线

半径	45 m	JD	$K_3 + 182.760$
转角	25°(右转)	ZY	$K_3 + 167.760$
T(切线长)	9.976 m	QZ	$K_3 + 182.506$
		YZ	$K_3 + 197.251$

桩　　号		x 坐标/m	y 坐标/m
JD	$K_3 + 182.760$	500.000	500.000
ZY	$K_3 + 172.784$	492.946	492.946
1	$K_3 + 175.000$	494.473	494.551
2	$K_3 + 180.000$	497.618	498.435
QZ	$K_3 + 182.601$	499.078	500.587
3	$K_3 + 185.000$	500.313	534.971
4	$K_3 + 190.000$	502.524	507.125
YZ	$K_3 + 192.419$	503.412	509.375

4. 实训注意事项

（1）注意数据计算的正确性，测设完各桩后要对各桩点进行位置或距离检核。
（2）实训过程中应根据场地的实际情况进行数据调整。

5. 实训成果提交和实训效果评价

1）实训成果提交

现场进行圆曲线上一到两个细部点的计算和测设工作，指导教师根据学生实际操作的正确性和熟练程度对其进行评价。

偏角法测设圆曲线记录表

日期：_____　　　　　　天气：_____　　　　　　观测者：_____
仪器：_____　　　　　　小组：_____　　　　　　记录者：_____

半径/m		JD	
转角/(°)		ZY	
T(切线长)/m		QZ	
		YZ	
桩　　号		偏角值 △ 。′″	弦长 c/m
JD			

坐标法测设圆曲线记录表

日期：_____ 天气：_____ 观测者：_____
仪器：_____ 小组：_____ 记录者：_____

半径/m		JD	
转角/(°)		ZY	
T(切线长)/m		QZ	
		YZ	

桩　　号	x 坐标/m	y 坐标/m
JD		

2）实训效果评价

日期： 班级： 组别：

实训任务名称		
实习技能目标		
主要仪器及工具		
任务完成情况	是否准时完成任务	
任务完成质量	成果精度是否符合要求，记录是否规范完整	
实训纪律	实训是否按教学要求进行	
存在的主要问题		

6. 课后讨论

（1）正确理解整桩号法。

（2）圆曲线的主点有哪几个？圆曲线细部点测设可以采用别的方法吗？

项目 6

大比例尺地形图及其应用实训

实训任务 1　大比例尺地形图数字测图实训

1.实训目的

（1）熟练掌握全站仪碎部点数据采集的基本功能。
（2）了解数字测图控制测量的技术要求。
（3）掌握大比例尺数字测图的方法。
（4）掌握 CASS 等成图软件的使用方法。

2.实训器材

室外集中实训 25～36 学时。

全站仪 1 台、备用电池 1 块、三脚架、棱镜及标杆 2 套、钢卷尺、草图用纸若干、铅笔、计算器、装有绘图软件的笔记本电脑等。

3.实训内容

以小组为单位，每组 4～5 人，实训过程中轮换，每人均应完成经纬仪操作、读数、记录、计算、绘图和跑尺等工作。

1）图根平面控制测量

在教师的指导下，在实训场地利用全站仪完成图根平面控制测量，采用导线的形式。光电测距导线的技术要求如下。

（1）若测区内无高级导线点，可建立假定坐标系统，熟悉实训场地现状，选择合适的导线类型，一般为闭合导线或附合导线。

（2）踏勘选点，建立标志，做好点之记。

（3）局部通视困难的地区，可采用光电测距极坐标法和交会定点法来加密图根控制点。

（4）图根点的密度应符合表 2-6-1 中的要求。

表 2-6-1　数字测图图根点的密度要求

测图比例尺	1∶500	1∶1000	1∶2000
图根点数/km²	64	16	4

（5）图根光电测距导线应满足规范要求。

2）图根高程控制测量

（1）图根控制点的高程可采用图根光电测距三角高程或图根水准的方法测得，此次实训采用图根光电测距三角高程的方法，外业工作可与图根平面控制测量的外业工作同时完成。

（2）根据《工程测量规范》（GB 50026—2007）的要求，图根光电测距三角高程测量应满足表 2-6-2 中的要求。

项目 6

表 2-6-2　图根光电测距三角高程测量的技术要求

每千米高差 全中误差/mm	附合路线 长度/km	仪器精 度等级	中丝法 测回数	指标差较差 /(")	竖直角较差 /(")	对向观测高差 较差/mm	附合路线或环 线闭合差/mm
20	≤5	6″级仪器	2	25	25	$\leqslant 80\sqrt{D}$	$\leqslant \pm 40\sqrt{\sum D}$

注:表中 D 为测距边边长,单位为 km。

　　3)外业数据采集

　　(1)数据采集的准备工作。

　　首先将控制点数据整理为 ∗.dat 文件,并传入全站仪内存中或直接录入,然后对仪器参数进行设置,并整理内存文件。在使用仪器前,要对温度、气压、棱镜常数、测距模式、测距次数等参数进行检查、设置。如果内存不足,无用文件可删除。

　　(2)碎部点采集的步骤和要求。

　　野外数据采集主要包括安置仪器、输入数据采集文件名、输入测站数据、输入后视点坐标、定向、测量碎部点。

　　① 安置仪器:仪器对中、整平后,量取仪器高至毫米;打开电源,转动望远镜目镜,使仪器进入观测状态,再按"MENU"菜单键,进入主菜单。

　　② 设置测站:在数据采集菜单下,根据全站仪的提示输入数据采集文件名。文件名可直接输入,也可从仪器内存中调用。测站数据的设置方法有两种,其一是直接由键盘输入坐标,其二是调用内存中的坐标文件,此坐标文件必须在数据采集的准备工作中已经传入或写入内存。

　　③ 设置后视点:后视点数据的输入方式有三种,一是调用内存中的已有坐标文件,二是直接输入后视控制点的坐标,三是直接输入定向边的方位角。

　　④ 定向:当测站和后视方向设置完毕后,可根据仪器的提示照准后视点棱镜,按测量键后完成定向。

　　⑤ 测量碎部点:在数据采集菜单下,选择碎部点采集命令,输入点号、编码、棱镜高等数据,照准目标,按测量键开始测量,数据被存储,全站仪点号自动增加,开始下一点测量。碎部点测量主要是地物的测绘和地貌的测绘,地物、地貌的特征点统称为地形特征点,正确选择地形特征点是碎部点测量中十分重要的工作。地物测绘主要是将地物的形状特征点测定下来,例如地物的转折点、交叉点、曲线上的弯曲交换点、独立地物的中心点等,这样便可得到与实地相似的地物形状。在大、中比例尺地形图中是以等高线来表示地貌的。测绘等高线与测绘地物一样,首先需要确定地形特征点,然后连接地性线,这样便可得到地貌整个骨干的基本轮廓,按等高线的性质,再对照实地情况,就能描绘出等高线。

　　(3)地物、地貌的测绘应按照国家现行标准《国家基本比例尺地图图式 第 1 部分:1∶500 1∶1000 1∶2000 地形图图式》(GB/T 20257.1—2017)执行,同时还应符合以下规定。

　　居民地的各类建筑物和构筑物及其主要附属设施应准确测绘出其外围轮廓;房屋以墙基外角为准测绘,并注记楼房名称、房屋结构和楼房层数;依比例的垣栅应准确测绘出基础轮廓并用相应的符号表示,不依比例的垣栅测绘出其定位点后配以对应的符号依次连接;公路与其他双线道路在图中均应根据实宽按比例表示,图上每隔 15~20 cm 标注公路等级代码,公路、街道按其铺面材料的不同应分类以砼(水泥)、沥(沥青)、砾(砾石)、碴(碎石)、土(土路)等注记于图中路面；永久性电力线、通信线均应准确表示；电杆、电线架、铁塔的位置需实测；城市建筑区内的电力线、通信线可不连线，但应在杆架处绘出连线方向；地面和架空的管线分别用相应的符号表示，并注记类别；地下管线根据用途决定是否表示，检修井应测绘表示，管道附属设施均应实测表示；河流在图上的宽度小于 0.5 mm 的、沟渠在图上的宽度小于 1 mm 的用单线表示；河流交叉处、泉、井等要测注高程，瀑布、跌水要测注比高；自然地貌用等高线表示，崩塌残蚀的地貌、坡、坎和其他特殊地貌用相应的符号和等高线配合表示；居民地可不绘等高线，但应在坡度变化处标注高程；对于耕地、园地，应实测范围，配以对应的符号；田埂在图上的宽度大于 1 mm 的应用双线表示，小于 1 mm 的用单线表示；耕地、园地、林地、草地、田埂均需测注高程。

4）内业绘图与要求

（1）数据传输：通过数据通信线完成全站仪和计算机之间的数据传输，注意相关参数应设置一致。

（2）此次实训主要采用草图法模式，其主要内容包括：确定显示区、选择测点点号定位成图法、依据草图绘制平面图、地物编辑、绘制等高线、地形图分幅与整饰、地形图输出、数字地形图的编辑要求。

内业绘图时应注意以下几点。

（1）街区与道路的衔接处应留 0.2 mm 的间隔；建筑在陡坎和斜坡上的建筑物按实际位置绘出，陡坎无法准确绘出时，可移位表示，并留 0.2 mm 的间隔。

（2）两点状地物相距很近时，可将突出、重点地物准确表示，另一地物移位表示。点状地物与房屋、道路、水系等其他地物重合时，可中断其他地物符号，间隔 0.2 mm 完整地表示独立符号。双线道路与房屋、围墙等高出地面的建筑物边线重合时，可用建筑物边线代替道路边线，道路边线与建筑物接头处应间隔 0.2 mm。河流遇到桥梁、水坝、水闸等时应断开。水涯线与陡坎重合时，可用陡坎边线代替水涯线；水涯线与斜坡脚重合时，仍应在斜坡脚将水涯线绘出。

（3）等高线遇到房屋及其他建筑物、双向道路、路堤、路堑、坑穴、陡坎、斜坡、湖泊、双线河、双线渠以及注记等时均应断开。等高线的坡向不能判断时，应加注示坡线。

（4）同一地类范围内的植被，其符号可均匀配置。与地面上有实物的线状符号重合时，地类界可省略不绘；与地面上无实物的线状符号重合时，地类界应移位 0.2 mm。

（5）文字注记字头朝北，道路、河流的名称可随线状弯曲方向排列，名字底边平行于南、北图廓。注记文字的最小间距为 0.5 mm，最大间距不超过字体大小的 8 倍。高程注记一般注于点的右方，与点间隔 0.5 mm。等高线注记字头应指向山顶和地形特征部分，但字头不应指向图纸的下方，地貌复杂的地方，应注意合理配置，以保持地貌的完整。

4. 实训注意事项

（1）记录、计算成果应符合相关测量规范。

（2）在实训过程中，要做到步步检核，确保所计算的数据和所测设的点位正确无误。

（3）在测量前应做好准备工作，每组全站仪的电池和备用电池应充足电，每天出工和收工时都要注意清点所带仪器设备的数量，并检查其是否完好无损。

（4）每天收工后传输数据时，要注意数据线连接是否正确，有关参数设置是否正确。

（5）外业草图应绘制清晰、完全，保证信息准确。

5. 实训成果提交和实训效果评价

1）实训成果提交

每人应提交电子地形图、草图、控制测量成果表及个人日志和报告等。

2）实训效果评价

日期：　　　　　　　　　　　　　　班级：　　　　　　　　　　　　　组别：

实训任务名称		
实习技能目标		
主要仪器及工具		
任务完成情况	是否准时完成任务	
任务完成质量	成果精度是否符合要求，记录是否规范完整	
实训纪律	实训是否按教学要求进行	
存在的主要问题		

6. 课后讨论

（1）全站仪后视方向的设置有哪几种方法？

（2）在数字测图软件中进行等高线修剪时应注意哪些问题？

（3）碎部点采集的主要步骤是什么？

（4）小组如何更好地协作，以完成数字测图综合实训任务？

实训任务 2　地形图识读与应用实训

1. 实训目的

（1）了解工程建设中地形图识读与应用的内容。

（2）学会根据地形图绘制任一确定方向的断面图。

（3）掌握土石方量估算的常用方法。

2. 实训器材

精选地形图截图、A3 白纸若干、笔、橡皮、计算纸张等。

3. 实训内容

1）地形图识读

学会读懂、看懂图 2-6-1 所示的地形图。

1：500

图 2-6-1　地形图

2）绘制确定方向的断面图

根据地形图可以绘制沿任一方向的断面图。断面图在许多地面工程设计与施工中都是重要的资料。这种图能直观地显示某一方向线的地势起伏形态和坡度陡缓,在道路规划设计施工中有较多的应用。绘制断面图的方法如下。

（1）规定断面图的水平比例尺和垂直比例尺。通常水平比例尺与地形图比例尺一致,而垂直比例尺需要扩大,一般要比水平比例尺扩大 5～20 倍。为了更好地显示沿线的地形起伏,水平比例尺为 1：50 000,垂直比例尺为 1：5000。

（2）按图 2-6-2 中 AB 线的长度绘一条水平线,如图中的 ab 线,作为基线（因断面图与地形图水平比例尺相同,所以 ab 线长度等于 AB 线长度）,并确定基线所代表的高程。基线高程一般略低于图中的最低高程。例如,图 2-6-2 中河流最低处高程约为 110 m,则基线高程定为 110 m。

（3）作基线的水平线,平行线间隔按垂直比例尺和等高距计算。例如,图 2-6-2 中等高距为 10 m,垂直比例尺为 1：5000,则平行线间隔为 2 mm,并在平行线一边注明其所代表的高程,如 110 m、120 m、130 m……。

图 2-6-2　绘制地形断面图

（4）在地形图上量取 A 点至各交点及地形特征点 c、d、e 的水平距离,并按作图比例尺把它们标注在横轴上,通过这些点作基线的垂线,垂线的端点由各点的高程决定。例如,在图 2-6-2 所示的地形上,d 点的高程为 126 m,则断面图上过 d 点的垂线的端点在代表 126 m 的平行线上。

（5）将各垂线的端点连接起来,即得到表示实地断面方向的断面图。

绘制断面图时,若使用毫米方格纸,则更加方便。

3）估算土石方量

（1）等高线法。

先量出各等高线所包围的面积,相邻两等高线包围的面积的平均值乘以等高距,就是两等高线间的体积（即土石方量）。因此,可从施工场地的设计高程的等高线开始,逐层求出各相邻等高线间的土石方量。如图 2-6-3 所示,图中等高距为 2 m,施工场地的设计高程为 35 m,图中虚线即为设计高程的等高线。分别求出 35 m、36 m、38 m、40 m、42 m 五条等高线所围成的面积 A_{35}、A_{36}、A_{38}、A_{40}、A_{42},则每一层的土石方量为

$$V_1 = \frac{1}{2}(A_{35} + A_{36}) \times 1$$

$$V_2 = \frac{1}{2}(A_{36} + A_{38}) \times 2$$

$$\vdots$$

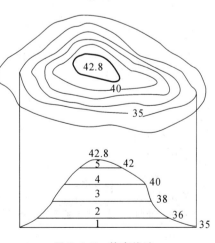

图 2-6-3　等高线法

$$V_5 = \frac{1}{3} A_{42} \times 0.8$$

最后可得到总土石方量为

$$V = V_1 + V_2 + V_3 + V_4 + V_5$$

（2）断面法。

在地形起伏较大的地区，可用断面法来估算土石方量。这种方法是在施工场地范围内，以一定的间隔绘出断面网，求出各断面由设计高程线与地面线所围成的填、挖面积，然后计算相邻

图 2-6-4　断面法

断面间的填、挖石方量，最后分别求和，即为总土石方量。图 2-6-4 所示为比例尺为 1∶1000 的地形图，等高距为 1 m，施工场地设计标高为 32 m，先在图上绘出互相平行的、间距为 1 m 的断面方向线 1—1，2—2，…，5—5，并绘出相应的断面图，分别求出各断面的设计高程与地面线包围的填、挖方面积 A_T、A_W，然后计算相邻两断面间的填、挖方量。图中 1—1 和 2—2 断面间的填、挖方量为

$$\begin{cases} V_T = \frac{1}{2}(A_{T1} + A_{T2}) \\ V_W = \frac{1}{2}(A_{W1} + A_{W2}) \end{cases}$$

同理可计算其他断面间的填、挖方量，最后分别将所有的填方量、挖方量累加，便可得到总的土石方量。

4.实训注意事项

（1）本实训均为室内绘制和计算，各小组在实训时注意保管原始资料。

（2）实训前应做好相应的准备工作，尤其是精选需绘制断面图和计算土石方量的原始地形图。

5.实训成果提交和实训效果评价

1）实训成果提交

每人需提交断面图、土石方量计算书及个人日志和报告等。

2）实训效果评价

日期：　　　　　　　　　　班级：　　　　　　　　　　　　　　　　组别：

实训任务名称		
实习技能目标		
主要仪器及工具		
任务完成情况	是否准时完成任务	
任务完成质量	成果精度是否符合要求，记录是否规范完整	
实训纪律	实训是否按教学要求进行	
存在的主要问题		

6. 课后讨论

怎样估算土石方量？各种土石方量估算方法的适用条件是什么？

实训任务 3　场地平整实训

1. 实训目的

(1) 掌握场地平整中的填挖分界线计算方法。
(2) 掌握方格网法计算土石方量的步骤。

2. 实训器材

水准仪(或全站仪、棱镜)、测绳至少 2 根、水准尺、白灰、笔、橡皮、计算纸张等。

3. 实训内容

(1) 场地现场打方格,绘制方格网示意图。

在拟施工的范围内打上方格,方格的边长取决于地形变化的大小和要求估算土石方量的精度,一般取 10 m×10 m、20 m×20 m、50 m×50 m 等,本次实训选择 10 m×10 m,拉测绳,用白灰撒出各格网点位置。

(2) 用水准仪、水准尺(也可用全站仪加棱镜)实地测量各方格顶点的高程,绘制方格网草图,并将测得的高程注记在各顶点的上方。

(3) 把每一个方格的四个顶点的高程相加,然后除以 4,得到每一个方格的平均高程,再把各个方格的平均高程相加,除以方格数,即得设计高程,这样求得的设计高程可使填、挖方量基本平衡。从上述计算过程中不难看出,角点 $A1$、$A4$、$B5$、$E1$、$E5$ 的高程只用到一次,边点 $B1$、$C1$、$D1$、$E2$、$E4$……的高程用到两次,拐点 $B4$ 的高程用到三次,中点 $B2$、$B3$、$C2$、$C3$……的高程用到四次,因此设计高程的计算公式为

$$H_{\text{设}} = \frac{\sum H_{\text{角}} \times 1 + \sum H_{\text{边}} \times 2 + \sum H_{\text{拐}} \times 3 + \sum H_{\text{中}} \times 4}{4n}$$

式中,n 为方格总数。

假设方格网草图如图 2-6-5 所示,将图中各数据代入上式中,求出设计高程为 64.84 m,在草图中按内插法绘出 64.84 m 的等高线(即图中的粗实线),它就是填、挖的分界线,又称为零线。

(4) 计算填、挖高度(即施工高度)。

$$h = H_{\text{地}} - H_{\text{设}}$$

式中:h 为填、挖高度,正数为开挖深度,负数为回填高度;$H_{\text{地}}$ 为地面高程;$H_{\text{设}}$ 为设计高程。

(5) 计算填、挖方量。

填、挖方量要按下式分别计算,根据方格四个角点的填、挖高度符号的不同,可选择以下四种情况之一来计算各方格的填、挖方量。方格填、挖方量计算图如图 2-6-6 所示。

① 四个角点均为挖方或填方:

图 2-6-5　方格网草图

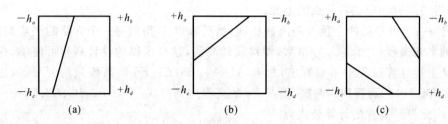

图 2-6-6　方格填、挖方量计算图

$$V = \frac{h_a + h_b + h_c + h_d}{4} \times A$$

② 相邻两个角点为填方，另外两个角点为挖方：

$$\begin{cases} V_W = \dfrac{(h_a + h_c)^2}{4(h_a + h_b + h_c + h_d)} \times A \\[3mm] V_T = \dfrac{(h_b + h_d)^2}{4(h_a + h_b + h_c + h_d)} \times A \end{cases}$$

③ 三个角点为挖方，一个角点为填方：

$$\begin{cases} V_W = \dfrac{2h_b + 2h_c + h_d - h_a}{6} \times A \\[3mm] V_T = \dfrac{h_a^3}{6(h_a + h_b)(h_a + h_c)} \times A \end{cases}$$

如果三个角点为填方,一个角点为挖方,则上下两个公式等号右边的算式对调。

④ 相对的两个角点为连通的填方,另外相对的两个角点为独立的挖方:

$$
\begin{cases}
V_{\mathrm{T}} = \dfrac{2h_a + 2h_d - h_b - h_c}{6} \times A \\[4mm]
V_{\mathrm{W}} = \left[\dfrac{h_b^3}{(h_a + h_b)(h_b + h_d)} + \dfrac{h_c^3}{(h_a + h_c)(h_c + h_d)} \right] \times \dfrac{A}{6}
\end{cases}
$$

如果相对的两个角点为连通的挖方,另外相对的两个角点为独立的填方,则上下两个公式等号右边的算式对调。

最后将所有的填、挖方量各自相加,即得总的填、挖方量,两者应基本相等。

4. 实训注意事项

(1) 室外实测各网点的高程时,注意保管原始记录资料,各点的高程应及时记入方格网草图中。

(2) 实训前应做好相应的准备工作,提前学习方格网法计算土石方量的内容。

5. 实训成果提交和实训效果评价

1) 实训成果提交

每人应提交各方格网点高程记录表、土石方量计算书及个人日志和报告等。

2) 实训效果评价

日期:　　　　　　　　　　班级:　　　　　　　　　　组别:

实训任务名称		
实习技能目标		
主要仪器及工具		
任务完成情况	是否准时完成任务	
任务完成质量	成果精度是否符合要求,记录是否规范完整	
实训纪律	实训是否按教学要求进行	
存在的主要问题		

6. 课后讨论

方格网法计算土石方量与根据地形图计算土石方量哪个更容易操作?哪个精度更高?

参考文献

[1] 吴华君,洪军明.建筑工程测量[M].杭州:浙江大学出版社,2012.

[2] 杨晓平,张建钢.建筑施工测量实训[M].2版.武汉:华中科技大学出版社,2012.

[3] 张超群.建筑工程测量[M].哈尔滨:哈尔滨工业大学出版社,2018.

[4] 陈兰云.建筑工程测量[M].北京:人民交通出版社,2010.

[5] 李向民.建筑工程测量[M].北京:机械工业出版社,2016.

[6] 李向民.建筑工程测量实训[M].北京:机械工业出版社,2017.

[7] 周建郑.建筑工程测量[M].2版.北京:化学工业出版社,2012.

[8] 周建郑.建筑工程测量实训指导书[M].北京:中国建筑工业出版社,2013.

[9] 李生平.建筑工程测量[M].北京:高等教育出版社,2002.

[10] 李强,余培杰,郑现菊.工程测量[M].长春:东北师范大学出版社,2013.

[11] 顾孝烈,鲍峰,程效军.测量学[M].3版.上海:同济大学出版社,2006.

[12] 国家测绘地理信息局职业技能鉴定指导中心,测绘出版社.测绘管理与法律法规[M].2018版.北京:测绘出版社,2018.

[13] 武汉测绘科技大学《测量学》编写组.测量学[M].3版.北京:测绘出版社,2000.

[14] 李社生,刘宗波.建筑工程测量[M].2版.大连:大连理工大学出版社,2014.

[15] 李会青.建筑工程测量[M].北京:化学工业出版社,2010.

[16] 陈丽华.土木工程测量[M].杭州:浙江大学出版社,2002.